KB264780

한눈에 보는 세계맥주
7 3 가 지

맥주수첩

맥주만큼 역사가 오래되고 그 종류가 다양한 술을 찾기는 쉽지 않다. 지금으로부터 약 5,000~6,000년 전 메소포타미아 지역에서 만들어지기 시작한 맥주는 그 후 유럽으로 건너가 영국, 벨기에, 독일, 체코 등지에서 다양한 모습으로 꽃피운다. 이제 지구상에서 맥주를 마시지 않는 나라를 찾기 힘들 만큼 오늘날 맥주는 우리에게 가장 친근한 술이자 음료수가 되었다.

전 세계에서 생산되는 맥주는 평생을 마셔도 다 맛볼 수 없을 정도로 그 수가 많지만, 불과 얼마 전만 해도 국내에서 마실 수 있는 맥주는 그리 많지 않았다. 국내에서 생산되는 맥주라야 고작 몇 종류도 되지 않고, 회사마다 그리 차별화되지 않아 어느 회사의 맥주를 마시건 별로 상관이 없었다. 하지만 몇 년 전부터 국내의 맥주 지형도가 바뀌기 시작했다. 맥주문화를 바꾼 주역은 외국에서 들어오기 시작한 수입맥주들과 소비자들의 입맛이었다. 이제 대형 마트에 가면 수십 가지의 외국 수입맥주가 진열되어 있고, 수입맥주 전문점은 더 많은 종류의 맥주를 메뉴에 올려놓고 소비자들을 유혹하고 있다. 예전에는 맥줏집에 가서 단순히 맥주를 주문하면 되었지만, 이제는 맥주에 관한 지식이 없으면 마트에서 맥주를 고르거나 맥주 전문점에서 맥주를 주문하기도 힘들게 되었다.

물론 모든 사람이 맥주 전문가 수준의 지식을 가질 필요는 없지만, 일상에서 자주 접하는 맥주를 제대로 즐기기 위해서는 맥주에 관한 약간의 지식이 필요하다. 이 작은 지식이 맥주의 맛을 바꾸기 때문이다. 자신이 마시고 있는 맥주가 어느 나라 맥주인지, 주원료가 무엇인지, 어떤 스타일의 맥주인지, 어떤 특징이 있는지, 맛과 향은 어떤지, 몇 도에서 마시는 것이 좋은지, 어떤 맥주잔에 따라 마시는 것이 좋은지 등에 대한 지식만 있더라도 맥주를 마시는 즐거움이 배가된다.

　이 책은 우리나라에 수입된 맥주 가운데 대형 마트나 수입맥주 매장에서 접할 수 있는 73가지 맥주에 관한 간략한 설명과 함께 맥주에 대한 기본상식을 담았다. 한마디로 수입맥주에 대한 짤막한 가이드북이라고 생각하면 될 것이다.

　"맥주, 알고 마시면 더욱 맛있다!" 필자가 이 작은 책자를 통해 독자들에게 전하고픈 말이다. 많은 사람들이 이 책을 손에 들고 다니면서 색다른 맥주를 맛보며 본인 스스로 자신의 입맛에 맞는 맥주를 찾아가기를 바란다.

글쓴이 *이기중*

벨기에 맥주

체코 맥주

북미 · 오세아니아 맥주

아시아 맥주

맥주
이야기

❶ 맥주의 재료

맥주의 주재료는 보리, 홉, 효모, 물의 4가지다.

보리는 '싹튼 보리', 즉 '맥아麥芽, 영어로는 몰트(Malt)'를 사용한다. 맥아를 사용하는 이유는 보리로부터 쉽게 전분을 추출하기 위해서다. 어떤 종류의 맥아를 사용하느냐에 따라 맥주의 맛과 색깔이 달라진다. 보통 맥주를 마실 때 혀끝에서 느껴지는 달달함과 곡류 특유의 맛은 맥아에서 나온 것이다. 가끔 맥주 상표에서 '100% 몰트 맥주'라는 표시를 볼 수 있다. 이는 보리 외에 다른 곡류를 첨가하지 않았다는 뜻. 독일과 같은 나라에서는 보리몰트 외에 다른 곡류를 일체 사용하지 못하도록 엄격히 규제하고 있다. 하지만 다른 나라에서는 일정량의 보리몰트가 들어 있으면 '맥주'로 부를 수 있기 때문에 주로 대형 맥주 회사들은 생산단가를 낮추기 위해 보리 외에 옥수수나 쌀을 첨가하기도 한다. 보리몰트 외에 다른 곡류밀 맥주의 경우는 예외를 섞으면 몰트 특유의 맛이 약해져 맥주 본연의 맛이 떨어진다.

홉Hop은 줄기식물의 일종으로 쓴맛과 독특한 향을 가지고 있다. 맥주의 끝맛을 좌우하는 것은 홉의 쓴맛이다. 맥주에 따라 홉의 맛향이 강한 것에서부터 홉의 맛향을 거의 느낄 수 없는 것까지 다양하다. 좋은 맥주란 맥아와 홉 특유의 맛과 향이 다채롭게 드러나고 서로 조화를 이룬 맥주다. 어느 한쪽이 부족해도 좋은 맥주라고 할 수 없다.

효모는 맥아의 전분에서 만들어진 당糖을 알코올로 발효시키는 역할을 한다. 맥주에 사용되는 효모는 크게 '자연야생 효모', '상면발효 효모에일 이스트', '하면발효 효모라거 이스트'로 나뉜다.

맥주의 95%는 물이다. 맥주를 만들기 좋은 물이란 깨끗하고 미네랄이 적절하게 균형을 이룬 물을 말한다. 맥주의 맛은 물의 종류에 따라 달라지기도 한다. 연수軟水를 사용하면 맥주의 색이 엷고 깔끔한 맛이 나오며, 경수硬水를 사용하면 맥주의 색이 진해지고 깊은 맛이 나온다.

❷ 맥주의 색깔

맥주의 색은 흰색에 가까운 색부터 검은색까지 매우 다양하다. 보통 사람들은 맥주의 색깔이 진할수록 맥주의 도수가 높을 것이라고 생각하지만, 맥주의 색깔은 맥주의 도수와 전혀 관계가 없다. 맥주의 색깔을 결정하는 것은 맥아의 색깔이다. 짙은 색의 맥아를 사용하면 맥주의 색깔이 진해지고, 반대로 엷은 색의 맥아를 사용하면 맥주 색깔도 엷어진다. 맥주 색깔을 말할 때 자주 사용하는 '페일Pale'이란 용어는 '엷은 색'을 의미하고, '앰버Amber'라는 단어는 '호박색'을 말한다.

❸ 맥주의 종류

맥주는 크게 발효방식의 구분에 따라 에일Ale, 라거Lager, 람빅Lambic의 3가지 종류로 나눌 수 있다. 하지만 이 가운데 람빅자연발효 맥주은 벨기에의 특정 지역을 중심으로 생산되기 때문에 전 세계 맥주는 실질적으로 라거와 에일로 양분할 수 있다.

역사적으로 보면 에일이 라거보다 오랜 전통을 가진 맥주다. 에일은 맥주를 발효시킬 때 위로 떠오르는 효모, 즉 '상면上面발효 효모'로 만들어지기 때문에 '상면발효 맥주'라고도 불린다. 에일 맥주는 과일과 같은 향긋한 맛과 진하고 깊은 맛이 특징이다. 주로 영국, 아일랜드, 벨기에에서 많이 만들어진다. 에일 맥주 계열에는 포터, 페일 에일비터, 스타우트, 마일드 에일, 브라운 에일, 바이젠, 트라피스트 비어 등이 있다.

라거는 19세기 중반부터 만들어지기 시작한 맥주로, 발효통의 아래에 가라앉는 '하면下面발효 효모'로 만들어지기 때문에 '하면발효 맥주'라고도 부른다. 하면발효 맥주를 뜻하는 '라거Lager'는 독일어로 '저장'이라는 말에서 유래된 것이다. 하면발효 맥주라거는 상면발효 맥주에일보다 낮은 온도에서 장시간 '저장'시켜 만들어지기 때문이다. 라거 계열의 맥주는 에일과 달리 과일 향이나 깊은 맛이 없는 대신 부산물이 적어 깔끔하고 시원한 청량감이 특징이다. 라거 맥주 계열에는 필스너, 둥켈, 슈바르츠, 엑스포트 등이 있다. 전 세계에서 만들어지는 많은 맥주의 종류는 라거에 속한다. 특히 라거 계열의 맥주 가운데 필스너 맥주또는 필스너 계열의 맥주가 대세로 전 세계 맥주의 90%를 차지한다. 필스너가 처음 만들어진 곳은 체코의 플젠. 우리가 평소 시원하게 마시는 맥주는 필스너 계열의 맥주로 보면 된다.

❹ 맥주 감상법

맥주를 감상하고 평가할 때 가장 기본적인 기준은 외관색깔, 거품, 기포 등, 향아로마, 맛플레이버, 보디다.

맥주의 특유의 향과 맛은 몰트, 효모, 홉에서 나온다. 좋은 맥주는 먼저 맥주의 주재료인 몰트와 홉의 맛이 충분히 드러나면서 서로 조화를 이루어야 한다. 특히 맥주의 첫맛과 끝맛피니시은 매우 중요하다. 맥주의 첫맛은 주로 몰트에 의해 좌우되며, 끝맛은 홉에 의해 결정된다. 좋은 몰트와 홉을 사용한 맥주는 첫맛과 끝맛이 알맞은 균형을 이루지만, 몰트 이외에 옥수수 및 쌀을 섞거나 홉이 적게 들어간 맥주는 부재료 맛이 나고, 첫맛과 끝맛이 모두 밋밋하다. 이런 맥주들은 한마디로 '물 같은 맛'이 난다. 보통 대형 회사에서 만드는 라거 계열의 맥주 가운데 이런 맥주들이 많다.

맥주의 맛과 향은 포도주처럼 과일, 약초, 너트, 토스트, 초콜릿, 캐러멜 등 다른 음식에 비유하여 표현된다. 예를 들어 독일의 밀 맥주를 맛보고 평가할 때 "바나나, 클로브, 향신료의 맛이 느껴진다"고 표현한다.

포도주와 마찬가지로 맥주의 무게감또는 맥주의 점성을 말할 때는 '보디Body'라는 용어를 사용한다. 보통 '라이트 보디Light Body', '미디엄 보디Medium Body', '풀 보디Full Body' 등으로 표현한다. 보통 우리가 즐겨 마시는 라거 맥주는 주로 '라이트 보디'에 속한다.

❺ 맥주잔

맥주는 반드시 맥주잔에 따라 마셔야 한다. 우선 맥주잔으로 마셔야 맥주 특유의 색깔을 감상할 수 있고, 무엇보다도 중요한 것은 맥주잔에 따라야 적당한 거품이 만들어진다. 맥주의 거품은 맥주가 공기와 접촉하여 산화되는 것을 막아주는 역할을 하기 때문에 어느 정도 거품이 생기도록 맥주를 따라야 한다. 일반적으로 맥주와 거품의 이상적인 비율은 7:3. 이론적으로 좋은 맥주는 맥주를 다 마실 때까지 거품이 남아 있어야 한다.

또한 모든 맥주는 전용 잔에 따라 마셔야 한다. 즉 모든 맥주는 제조회사에서 만든 전용 잔에 따라 마셔야 각각의 맥주를 제대로 음미할 수 있다. 보통 병맥주의 경우 회사에서 만든 전용 잔에 따를 경우 한 병이 모두 들어간다. 앞으로 맥줏집에서 맥주를 마실 때는 반드시 전용 잔을 요구하도록 하자! 우리나라의 경우 아직 개별 회사 특유의 맥주 전용 잔이 별로 없는 실정인데, 이는 그만큼 맥주가 개성이 없다는 것을 말한다.

맥주잔의 모양은 우리가 마시는 음료수 가운데 가장 다양하다. 맥주잔은 맥주의 거품, 향, 맛과 직접적인 관계가 있기 때문에 맥주잔 또한 그만큼 다양하다. 맥주잔을 모양으로 보자면 크게 필스너 플루트형체코식 필스너 맥주 전용, 바이젠 플루트형독일식 밀 맥주 전용, 노닉 파인트 잔영국 에일 전용, 고블릿형벨기에 트라피스트 비어 전용, 튤립형벨기에 스트롱 에일 전용, 마스독일식 필스너 전용 등이 있다.

맥주잔 모양

필스너
플루트형

바이젠
플루트형

페일 에일
파인트 글라스

쾰쉬
실린더형

트라피스트 비어
고블릿형

벨기에 스트롱 에일
튤립형

옥토버페스트
마스(머그)

영어명
한글명

맥주가 생산되는
지역명

맥주가 발효되는
방식

맥주의 특징과
맛, 향에 대한
설명

London Pride **런던 프라이드**
영국

생산지 런던
제조사 풀러 스미스 앤 터너(풀러스)
발효방식 상면발효
종 류 영국 프리미엄 비터(페일 에일)
알코올 4.7%

 Tasting Note

마호가니 색깔. 몰트와 홉의 균형감이 아주
좋다. 먼저 몰트의 달콤한 과일 맛이 느껴진다. 이
어 홉에서 나오는 꽃의 풍미와 마멀레이드(감귤류에
설탕을 넣어 만든 잼)의 맛이 나타나다가 목뒤로 가면서
홉의 쓴맛으로 마무리된다. 미디엄 보디.

Beer Story

1845년 설립된 풀러스는 런던에서 가장 오
래된 맥주 회사다. 런던 템스 강 근처에 양조장
을 가지고 있으며, 영국의 전통적인 맥주 스타
일인 런던 에일을 만드는 회사로 유명하다. 외
국에서도 많은 호평을 받고 있다. 캐스크로 팔
리는 런던 프라이드(외국으로는 수출되지 않는다)는 영국에서 가장 많이 팔리는 캐스크
비터로, 실제로 런던의 펍에 가면 런던 프라이드의 생맥주 꼭지가 가장 많이
눈에 띈다. 해외로 수출되는 병맥주는 열처리된 것이다. 몰트와 홉의 풍미가
살아 있는 영국의 에일 맥주는 라거보다 높은 온도에서 마시는 것이 좋다. 영
국식 파인트 잔에 따라 마셔야 한다.

양조장과 맥주에 얽힌 이야기

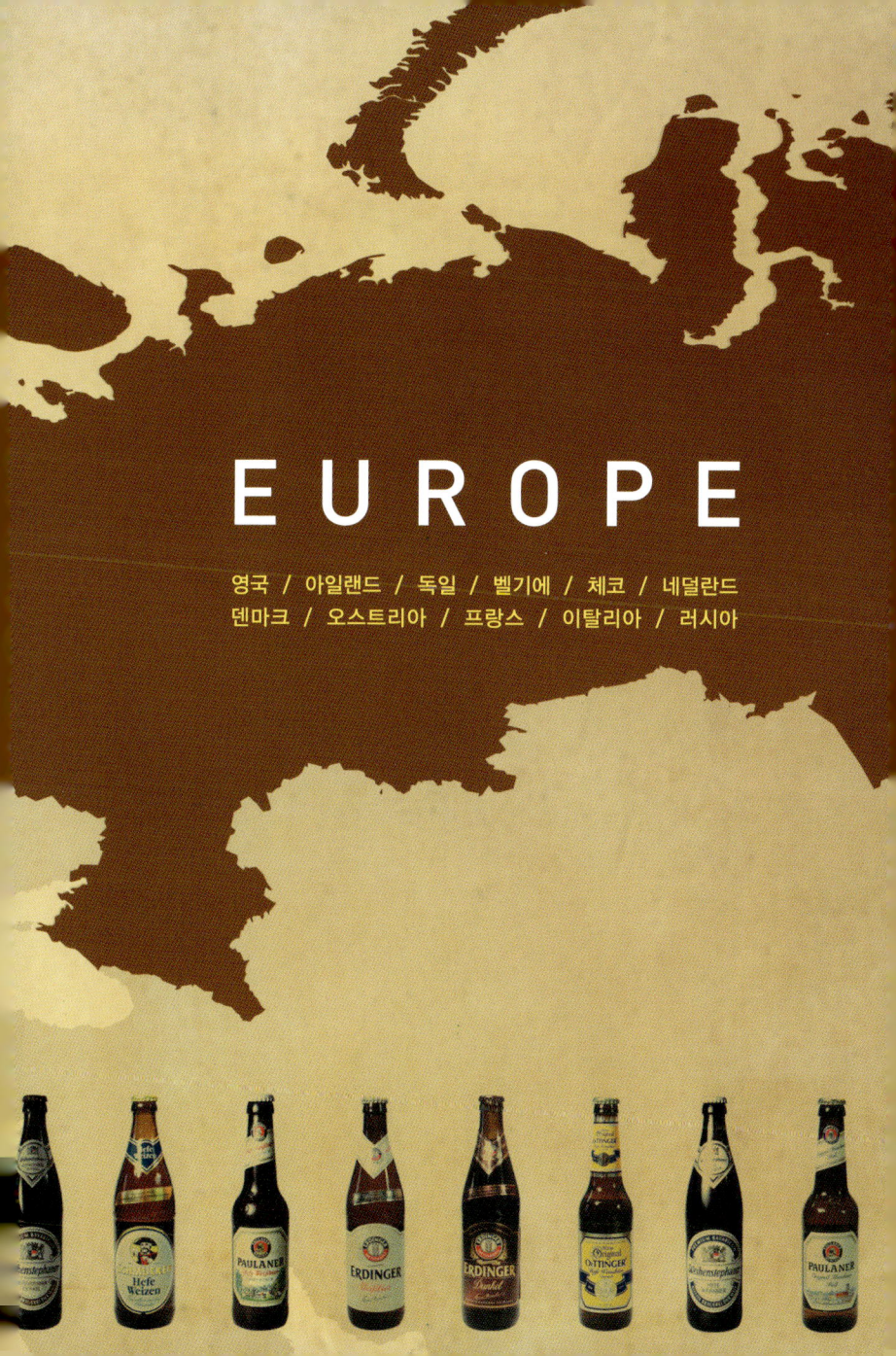

EUROPE

영국 / 아일랜드 / 독일 / 벨기에 / 체코 / 네덜란드
덴마크 / 오스트리아 / 프랑스 / 이탈리아 / 러시아

★ 영국 맥주 소개 ★

영국을 대표하는 맥주는 에일Ale. 옛날 영국에서는 홉이 들어가지 않은 맥주를 '에일'이라 부르고 홉이 들어간 맥주는 '비어'라고 했으나, 오늘날에는 상면발효 맥주를 '에일'이라고 부른다. 영국에는 다양한 에일이 있지만 이 가운데 가장 대중적인 에일은 비터 에일Bitter Ale, 보통 '비터'라고 부른다. 요즈음은 페일 에일과 같은 개념으로 사용된다. 영국 전역에 걸쳐 있는 8만여 개의 펍Pub에서 쉽게 접할 수 있는 맥주다. '비터'란 말은 영어로 '쓴맛'을 뜻하지만, 그리 쓴맛이 나지 않는 라이트 보디의 에일 맥주. 비터를 비롯한 에일 맥주는 라거 계열의 맥주보다 향이 풍부하기 때문에 너무 차지 않게 마시는 것이 관례다.

영국 사람들이 펍에서 즐겨 마시는 에일 맥주는 병맥주가 아니라 '캐스크 비어에일'. 캐스크 비어Cask Beer란, 양조장에서 숙성을 거친 후 여과와 살균을 거치지 않고 캐스크맥주통의 형태로 판매되는 에일을 말한다. 한마디로 캐스크 맥주는 효모가 그대로 살아 있는 '생맥주'라고 할 수 있다. 영국의 가장 전통적인 맥주인 캐스크 비어는 한때 영국에서 쇠퇴했지만, 캐스크 비어를 살리기 위한 캄라CAMRA: Campaign for Real Ale라는 시민단체의 활동으로 되살아났다. 캐스크 비어는 '진짜 에일'이라는 의미로 '리얼 에일'이라고도 불린다. 이용어도 캄라가 만든 말이다. 영국의 캐스크 비어는 관리가 쉽지 않고 장거리 운반을 하면 맛이 떨어지기 때문에 현지에서 즐길 수밖에 없다.

우리나라에는 영국 맥주가 거의 수입이 되지 않아 영국의 에일 맥주를 제대로 즐길 수 없다는 점이 좀 아쉽다. 앞으로 질 좋은 에일 맥주가 많이 들어와 우리나라에서도 풍부하고 깊은 향과 맛을 지닌 에일을 맛보게 되길 기대한다.

런던 프라이드

영국

생산지	런던
제조사	풀러 스미스 앤 터너(풀러스)
발효방식	상면발효
종 류	영국 프리미엄 비터(페일 에일)
알코올	4.7%

 Tasting Note

마호가니 색깔. 몰트와 홉의 균형감이 아주 좋다. 먼저 몰트의 달달한 과일 맛이 느껴진다. 이어 홉에서 나오는 꽃의 풍미와 마멀레이드감귤류에 설탕을 넣어 만든 잼의 맛이 나타나다가 목뒤로 가면서 홉의 쓴맛으로 마무리된다. 미디엄 보디.

Beer Story

1845년 설립된 풀러스는 런던에서 가장 오래된 맥주 회사다. 런던 템스 강 근처에 양조장을 가지고 있으며, 영국의 전통적인 맥주 스타일인 런던 에일을 만드는 회사로 유명하다. 외국에서도 많은 호평을 받고 있다. 캐스크로 팔리는 런던 프라이드는외국으로는 수출되지 않는다는 영국에서 가장 많이 팔리는 캐스크 비터로, 실제로 런던의 펍에 가면 런던 프라이드의 생맥주 꼭지가 가장 많이 눈이 띈다. 해외로 수출되는 병맥주는 열처리된 것이다. 몰트와 홉의 풍미가 살아 있는 영국의 에일 맥주는 라거보다 높은 온도에서 마시는 것이 좋다. 영국식 파인트 잔에 따라 마셔야 한다.

뉴캐슬 브라운 에일 Newcastle Brown Ale

영국

생산지	뉴캐슬
제조사	스코티시 앤 뉴캐슬
발효방식	상면발효
종 류	영국 브라운 에일
알코올	4.7%

 Tasting Note

갈색. 견과류, 캐러멜, 과일 향맛이 나타난
다. 홉의 맛은 약해 쓴맛은 드러나지 않고 달달한
맛으로 끝난다. 라이트 보디. 뉴캐슬 브라운 병에
붙어 있는 파란색 별 모양의 로고는 뉴캐슬 맥주
회사를 창립한 5인의 설립자를 나타낸다.

Beer Story

스코티시 앤 뉴캐슬 맥주 회사의 대표적인
맥주인 뉴캐슬 브라운 에일은 1927년 처음 만
들어졌다. 영국 북부산産 에일의 대표적인 브
랜드. 현재 영국에서 가장 많이 팔리는 에일
병맥주 가운데 하나로 40여 개 나라에 수출된
다. 영국에서 '브라운 에일'이란 쓴맛을 억제
한 에일 맥주를 말한다. 한때 영국에서 생산되
는 브라운 에일의 색깔은 말 그대로 갈색이었지만, 맥주의 색깔이 점점 엷어
지는 추세에 따라 진한 갈색의 에일은 거의 없어져 현재처럼 보통의 갈색이
되었다.

20

영국 펍British Pub

영국 사람들이 주로 맥주를 마시는 공간은 펍Pub. 그 수도 많고 모습도 다양하지만 '영국 펍'에는 몇 가지 특징이 있다. 가장 먼저 눈에 띄는 특징은 펍의 간판. 영국 펍의 간판에는 가지각색의 그림이 그려져 있다. 옛날 문맹률이 높았을 때 글을 읽지 못하던 사람들도 쉽게 펍의 이름을 기억할 수 있도록 관련 그림을 그려넣은 데서 생긴 전통이다. 거리를 걸으면서 펍의 간판에 그려진 그림만 보고 다녀도 재미가 쏠쏠할 만큼 그 모습이 다양하다.

펍 안으로 들어가면 바Bar와 의자, 테이블 등이 나무로 된 곳이 많아 전체적으로 약간 고풍스러우면서 묵직한 느낌을 준다. 역사가 오래된 펍일수록 이런 분위기를 가지고 있는 곳이 많다. 또한 조명이 그리 밝지 않아 분위기가 아늑하여 맥주를 마시면서 이야기하기 좋다.

펍의 바에는 생맥주 꼭지가 여러 개 달려 있으며, 생맥주 꼭지에는 회사의 로고가 큼직하게 붙어 있다. 영국 펍에서는 영국의 에일 맥주를 마실 때 파인트Pint 잔을 사용한다. 맥주의 브랜드에 따라 서로 다른 전용 맥주잔을 사용하는 벨기에나 독일과 다른 점이다.

선 채로 맥주를 마시는 사람들이 많이 눈에 띄는 것도 영국 펍의 특징 가운데 하나. 날씨가 화창한 날의 저녁에는 저마다 묵직한 파인트 잔을 들고 바 밖으로 나와 담소를 나누는 광경을 쉽게 목격할 수 있다.

영국 펍은 보통 11시경에 문을 닫는데, 문을 닫기 전 학교 종과 같이 생긴 종을 울려 마감시간을 알려주는 것도 영국 펍에서 볼 수 있는 흥미로운 광경 가운데 하나다.

★ 아일랜드 맥주 소개 ★

아일랜드의 연간 1인당 맥주 소비량은 체코에 이어 2위를 기록하고 있다. 아일랜드를 대표하는 맥주 스타일은 상면발효 맥주의 하나인 스타우트Stout. 몰트와 볶은 보리를 사용하기 때문에 진한 초콜릿 색깔이 나고 벨벳과 같이 부드럽고 미세한 거품과 함께 커피 맛이 나는 것이 특징이다.

아일랜드의 스타우트는 드라이달지 않은한 맛의 스타우트에 속한다. 드라이 스타우트는 기네스 회사에 의해 대중화된 맥주로도 유명하다.

'스타우트'라는 명칭은 기네스 맥주 회사를 세운 아서 기네스가 1778년 최초의 기네스 맥주를 '스타우트 포터강한 도수의 포터'라는 이름으로 팔기 시작한 데서 비롯된 것. 그 후 이름을 줄여 '스타우트'라고 불리게 되었다.

기네스 오리지널

아일랜드

생산지	더블린
제조사	기네스 맥주 회사(디아지오)
발효방식	상면발효
종 류	아일랜드 드라이 스타우트
알코올	5.0%

Tasting Note

기네스 맥주는 검은 빛깔로 보이지만 공식적으로는 매우 진한 루비 색깔. 먼저 볶은 몰트의 향과 약간의 홉의 맛이 나타나고, 커피와 크림의 아로마, 과일과 초콜릿 맛이 느껴진다. 끝 부분에서 감초와 진한 토피Toffee의 맛이 드러나다가 드라이한 맛으로 마무리된다.

Beer Story

1759년 설립된 기네스 맥주 회사의 기네스 맥주는 아일랜드의 상징이자 대명사 격인 맥주. 아일랜드의 국장國章인 하프를 로고로 사용하고 있는 것에서도 이를 알 수 있다. 기네스 맥주 회사는 다 국적 주류 회사인 디아지오에 속해 있다.
기네스의 스타우트 맥주는 주재료인 페일몰트 외에 볶은 보리와 보리 프레이크가 약 10% 정도 들어가 기네스 맥주 특유의 진하면서 깔끔한 쓴맛과 카프리치오 커피와 같은 향과 거품이 나타난다. 기네스의 스타우트는 스타우트 맥주 가운데 단맛이 약한 '드라이 스타우트'에 속하며, 이산화탄소와 질소의 혼합가스를 주입하여 상품화한다.

기네스 드래프트(생) Guinness Draught(Keg)

아일랜드

생산지	더블린
제조사	기네스 맥주 회사(디아지오)
발효방식	상면발효
종 류	아일랜드 드라이 스타우트
알코올	4.1~4.3%

Tasting Note

기네스 회사에서 만든 튤립 모양의 전용 잔에 따른다. 약 120초 동안 두 번에 걸쳐 따르면서 2~2.5cm의 거품이 만들어지도록 하는데 이를 '퍼펙트 파인트'라고 부른다. 처음 맥주를 잔에 따르면 엷은 초콜릿 색이 나타나지만 점차 검은색으로 변한다. 6℃ 정도에서 마시는 것이 좋다.

Beer Story

원래 '드래프트'는 생맥주라는 뜻. 기네스 맥주의 케그알루미늄 맥주통 안에는 이산화탄소와 질소가 들어 있다. 펍에서 손님에게 내놓을 때 케그 안의 맥주를 가는 구멍에 통과시켜 아주 미세한 거품이 만들어지도록 따르는데, 이를 '서지Surge'라고 부른다. 케그에서 나오는 기네스 드래프트 맥주가 부드러운 맛과 거품을 가지는 것은 이 때문이다.

'기네스 서저Guinness Surger'란?

기네스 맥주 특유의 '서지' 효과를 내기 위해 고안된 전기장치. 1977년 뉴욕에서 만들어져 한때 사용하지 않다가, 2003년 일본 바에서 다시 도입돼 현재 우리나라를 비롯해 프랑스, 영국, 오스트레일리아, 미국 등에서 사용하고 있다.

생산지	더블린
제조사	기네스 맥주 회사(디아지오)
발효방식	상면발효
종 류	아일랜드 드라이 스타우트
알코올	4.2%

Tasting Note

검은색에 가까운 진한 루비 색깔. 차게 마시는 것이 좋다. 기네스 맥주는 생굴이나 어패류와 궁합이 잘 맞는다. 아일랜드에서는 가을에 기네스 맥주와 굴을 함께 먹는 축제를 벌인다.

Beer Story

케그에 담겨 있는 기네스 드래프트를 병과 캔으로 상품화한 것. 기네스 드래프트병, 캔에는 '위젯' 이라는 기네스 회사의 독특한 발명품이 들어 있다. 작은 플라스틱 볼의 일종인 위젯은 기네스병캔맥주의 맛을 케그에서 나오는 기네스의 맛과 가깝도록 만들기 위한 장치. 위젯의 원리는 비교적 간단하다. 맥주를 병이나 캔에 담을 때 압력을 이용해 플라스틱 볼의 작은 구멍에 소량의 맥주를 들어가게 만들어, 맥주 병이나 캔의 뚜껑을 열면 압력이 낮아져 위젯 안에 들어가 있는 맥주가 갑자기 분수처럼 나와 부드러운 거품을 만드는 것. 기네스 맥주를 다 따르고 난 후 병이나 캔을 흔들어 보면 딸랑딸랑하는 소리를 들을 수 있는데 그게 바로 위젯이다.

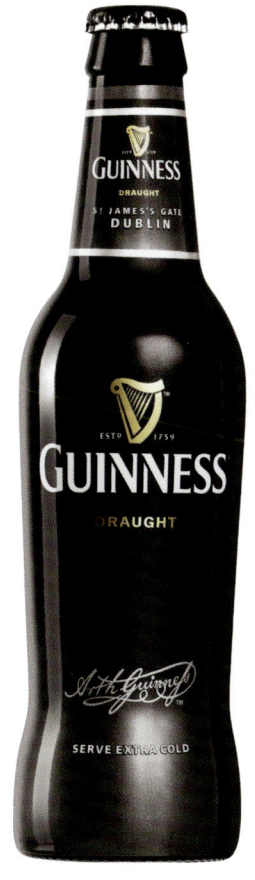

킬케니 드래프트(생) Kilkenny Draught(Keg)

생산지	킬케니
제조사	기네스 맥주 회사(디아지오)
발효방식	하면발효
종 류	아이리시 크림 에일(아이리시 레드 에일)
알코올	4.3%

Tasting Note

붉은빛이 감도는 브라운 색. 기네스 맥주처럼 보리몰트, 볶은 보리몰트, 홉, 이스트를 사용하여 기네스 맥주와 맛이 유사하나 맛이 가볍고 라거와 같은 청량감이 느껴진다. 그리 달달하지도 않고 쓴 맛도 강하지 않아 마시기 편하다. 킬케니는 기네스 맥주를 따를 때와 비슷한 방법으로 약 2~2.5cm의 거품 헤드가 만들어지도록 따라야 한다.

 ### Beer Story

아일랜드의 킬케니 지역에서 유래된 하면발효 방식의 아이리시 크림 에일. 1710년 킬케니 시의 성 프란시스 수도원 양조장에서 '스미스윅스 에일Smithwick's Ale'이라는 이름으로 만들어지기 시작했다. 킬케니의 맛은 스미스윅스의 생맥주와 매우 유사하지만, 기네스 맥주처럼 질소가 함유되어 맥주를 따르면 크림 헤드가 만들어진다. 그래서 '크림 에일'이라는 이름이 붙기도 한다. 원래 '스미스윅스'라는 이름을 사용하다가 외국에서 발음하기 힘들어 킬케니라는 이름으로 바꾼 것. 하지만 현재 아일랜드에서 킬케니와 스미스윅스는 서로 다른 제품으로 생산되어 판매되고 있다.

아이리시 펍Irish Pub

아일랜드뿐 아니라 전 세계 어디를 가나 아이리시 펍을 만날 수 있다. 특히 아일랜드에서는 저녁 무렵 펍에 들러 맥주 한잔을 즐기는 것이 자연스러울 정도로 아이리시 펍은 아일랜드의 아이콘이자 아일랜드 사람들의 일상 가운데 한 부분을 차지한다.

아일랜드 전역에 퍼져 있는 아이리시 펍의 두드러진 모습 가운데 하나는 펍의 외관. 아이리시 펍은 건물이나 문이 모두 진한 빨간색, 초록색, 검은색 등 원색으로 된 곳이 많아 멀리서도 아이리시 펍을 쉽게 알아볼 수 있다. 한마디로 느낌이 강렬하다.

아이리시 펍 안쪽의 분위기는 대체로 묵직한 편이며, 역사가 오래된 아이리시 펍일수록 실내의 벽에 옛날 사진을 많이 걸어놓아 고풍스러운 분위기가 느껴진다.

아이리시 음악은 아이리시 펍과 뗄 수 없는 관계. 전통적인 아이리시 펍에 들어가면 항상 아이리시 전통음악을 들을 수 있다. 바Bar의 한쪽에 네댓 명으로 구성된 밴드가 자리를 잡고 벤조, 아코디언, 바이올린, 기타가 뒤섞인 아이리시 음악을 흥겹게 연주한다. 아이리시 음악을 들으면서 사람들이 주로 마시는 맥주는 역시 아일랜드 맥주인 스타우트 맥주. 이 가운데 기네스 스타우트가 대세다.

아이리시 펍은 전 세계에 퍼져 있다. 세계 여러 나라에서 아이리시 펍을 만날 수 있는 것은 아일랜드의 이민 역사 때문이다. 19세기 중엽 아일랜드에서 '감자 기근'으로 수많은 사람들이 목숨을 잃자, 농민을 중심으로 수많은 이민자가 생겨났다. 1870년까지 아일랜드 인구의 반이 해외로 이민을 갔을 정도다. 미국을 비롯한 여러 나라로 이민을 떠난 아일랜드 사람들이 만든 맥줏집이 바로 '아이리시 펍'. 이런 연유로 전 세계 어디를 가도 아이리시 펍에서 맥주를 즐길 수 있게 된 것이다.

★ 독일 맥주 소개 ★

독일 맥주의 가장 큰 특징은 '맥주순수령'에서 찾을 수 있다. 독일에서는 16세기 초반에 공포된 맥주순수령에 따라 맥주를 만들 때 맥주의 원재료인 보리몰트, 홉, 물, 효모 이외의 재료를 사용하지 않는다. 그 후 19세기 초에 밀을 원료로 맥주를 만드는 것이 합법화되었고, 해외 시장에서의 경쟁을 위해 법이 완화되었지만 맥주순수령 덕분에 질 높은 독일 맥주가 만들어질 수 있었다.

독일은 체코, 아일랜드에 이어 연간 개인 맥주 소비량 3위의 맥주대국이다. 다른 나라보다 지역 맥주양조장이 많은 것도 독일 맥주문화의 또 다른 특징. 현재 독일 전역에는 1,300여 개의 양조장이 있으며, 그 가운데 절반 정도가 '맥주의 고향' 뮌헨이 속한 바이에른 지역에 있다. 뮌헨에서 매년 가을에 열리는 맥주축제인 옥토버페스트Oktoberfest도 독일 맥주문화의 한 단면을 보여준다.

독일에는 15~20개의 고전적인 맥주 스타일이 있는데, 다른 나라 맥주보다 비교적 다양하게 국내에 들어와 있는 편이다. 우리나라에서는 독일 맥주 가운데 필스너, 헬레스, 바이젠, 헤페 바이젠, 둥켈, 둥켈 바이젠, 슈바르츠, 복 등의 맥주를 즐길 수 있다.

독일

생산지	브레멘
제조사	벡스(인베브)
발효방식	하면발효
종 류	독일 필스너
알코올	5.0%

Tasting Note

엷은 황금색. 약간 건초 같은 홉의 아로마가 느껴지며, 피니시에서 약간의 쓴맛이 나타난다. 라이트-미디엄 보디.

Beer Story

벡스 맥주 회사는 페일 라거(엷은 황금색의 라거)로 유명한 회사다. 1873년부터 독일 북부의 항구도시 브레멘에서 맥주 생산을 시작하였다. 벡스는 영국 남부의 두줄보리, 남부 독일의 할레타우 홉을 사용하여 만들어진다.

독일에서 수출량이 가장 많은 벡스 회사의 맥주는 현재 전 세계 120개 나라에서 팔리고 있다. 2007년 통계에 외하면, 1초당 판매된 벡스 회사의 맥주는 무려 60.5병에 이른다고 한다.

독일

벡스 다크 Beck's Dark

생산지	브레멘
제조사	벡스(인베브)
발효방식	하면발효
종 류	뮌헨 스타일 둥켈 라거
알코올	5.0%

 Tasting Note

마호가니 색깔. 몰트의 약한 달콤함, 볶은 곡물, 약간의 캐러멜 맛이 나타나고 홉에서 나오는 허브와 풀 맛도 약하게 드러난다. 쓴맛은 그리 강하지 않다. 전체적으로 맛이 깔끔하다.

Beer Story

벡스 맥주 회사의 열쇠 모양 로고는 브레멘의 문장紋章의 거울 이미지를 형상화한 것이다. 벡스 맥주 회사는 독일에서 최초로 초록색 병을 사용한 회사이기도 하다. 벡스 맥주 회사의 첫 번째 맥주를 초록색 와인병에 담아 팔기 시작한 것이 계기가 되어 계속해서 초록색 맥주병을 사용하게 된 것. 현재 벡스 맥주 회사는 국제적인 초대형 맥주 회사인 인베브의 소유로 되어 있다.

뢰벤브로이 오리지널

독일

생산지	뮌헨
제조사	뢰벤브로이(인베브)
발효방식	상면발효
종 류	뮌헨 스타일 헬레스
알코올	5.2%

 Tasting Note

엷은 황금색이며 배의 향이 약간 느껴지고 끝맛에서 약초의 향과 함께 쓴맛이 입안에 남는다.

Beer Story

1333년 창업한 뢰벤브로이 맥주 회사의 뢰벤브로이 오리지널은 세계에서 가장 유명한 맥주 브랜드 가운데 하나다.

뢰벤브로이는 독일어로 '사자의 양조장' 이라는 뜻. 1886년부터 사자를 상표로 등록하여 사용하고 있다. 원래 뢰벤브로이 맥주 양조장은 뮌헨의 소위 '빅6' 라고 불리는 6대 양조장 가운데 하나였으나, 1997년 스파텐브로이와 합병된 후 2004년 인베브의 소유가 되었다.

독일

크롬바커 필스 Krombacher Pils

생산지	크로이츠탈-크롬바흐
제조사	크롬바커 양조장
발효방식	하면발효
종 류	독일 필스너
알코올	4.8%

Tasting Note

엷은 황금색. 알맞은 거품. 몰트와 약간의
홉, 비스켓의 맛과 아로마가 느껴진다. 일반적인
독일 필스너 맥주보다 홉의 쓴맛은 적다. 라이트
보디. 약한 쓴맛으로 끝난다.

Beer Story

네덜란드와 벨기에에 접한 독일의 크로이츠
탈 크롬바흐에 위치한 크롬바커 양조장이 처
음 기록에 등장하는 것은 1803년이지만, 실제
로 크롬바커의 맥주 브랜드가 생긴 것은 1908
년 무렵이다.

크롬바커는 독일에서 가장 큰 개인 소유의
맥주 회사. 자그마한 크롬바흐 마을에서 대대
로 가계 경영으로 맥주를 만들고 있다. 하면발효 맥주를 전문적으로 생산하
는 맥주 회사다.

생산지	크로이츠탈–크롬바흐
제조사	크롬바커 양조장
발효방식	상면발효
종 류	헤페 바이젠
알코올	5.3%

Tasting Note

탁한 골든 브라운색. 거품이 풍부하여 다 마실 때까지 거품이 남아 있다. 탄산기도 적절하다. 밀몰트의 강한 향, 바나나, 바닐라, 감귤류, 약간의 클로브정향나무 향이 느껴진다. 맛은 가벼운 편이다.

Beer Story

바이젠은 예로부터 뮌헨을 비롯한 남독일 지방에서 만들어진 전통적인 밀 맥주다. 사실 바이젠은 보리 맥아와 밀 맥아로 만들어지지만, 적어도 50%의 밀 맥아가 들어 있지 않으면 바이젠이라고 부르지 않는다. 홉의 쓴맛이 별로 느껴지지 않는 것도 바이젠의 특징 가운데 하나다. 바이젠은 넓은 주둥이와 긴 허리, 좁은 받침의 꽃병 모양 전용 잔에 따라 마신다.

'바이젠Weizen', '바이스비어Weissbier'란?

'바이젠'은 독일어로 '밀'을 뜻하는 말로, 보통 밀 맥주를 '바이젠'이라고 부른다. 하얀색을 뜻하는 '바이스비어'라는 말로 부르기도 한다.

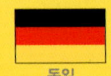
독일

파울라너 오리지널 뮌흐너 헬
Paulaner Original Münchner Hell

생산지 뮌헨
제조사 파울라너 양조장(브라우 홀딩 인터내셔널)
발효방식 하면발효
종 류 뮌헨 헬레스
알코올 4.9%

 Tasting Note

밝은 노란색. 몰트와 홉의 균형감이 좋다. 처음에는 달달한 몰트의 빵 맛이 드러나고, 중간에 허브 맛이 조금 나타나다가 달달하고 씁쓸한 홉의 맛으로 끝난다. 전체적으로 깔끔하고 청량감도 좋은 맥주.

Beer Story

'파울라너 오리지널 뮌흐너'라고도 불린다. 원래 뮌헨에서 만들어진 '헬레스'는 바이에른 지역에서 주종을 이루는 맥주 가운데 하나다. 몰트의 맛이 살짝 느껴지며, 홉의 쓴맛은 체코의 필스너보다 약하다. 차갑게 마시는 헬레스는 한여름의 갈증 해소에 좋다.

'헬레스Helles'란?

'헬레스'는 독일어로 '밝다'는 뜻으로, 밝고 엷은 노란색을 가진 황금색 라거를 말한다.

생산지	뮌헨
제조사	파울라너 양조장(브라우 홀딩 인터내셔널)
발효방식	하면발효
종 류	뮌헨 스타일 둥켈
알코올	5.0%

Tasting Note

다크 브라운색. 거품이 진하고 풍부하며, 탄산기는 적당하다. 전체적으로 부드럽고 약간의 달달한 맛과 볶은 몰트, 검은 빵, 초콜릿, 캐러멜의 맛이 난다. 미디엄 보디. 홉의 맛은 약한 편이다.

Beer Story

파울라너 둥켈은 '파울라너 오리지널 뮌헨 둥켈'이라고 불리기도 한다. 둥켈은 불에 태운 몰트를 사용하기 때문에 진한 색을 지니며, 하면발효 방식으로 만들어졌기 때문에 과일 향이나 깊은 맛은 없지만 깔끔한 맛을 가지고 있다.

'둥켈Dunkel' 이란?

'둥켈'은 독일어로 '진하다'는 뜻. 뮌헨 지역에서 생산되는 검은색 계열의 맥주를 일컬어 '둥켈', 또는 '둥클레스'라고 부른다.

파울라너 헤페 바이스비어 나투르트륍

Paulaner Hefe Weissbier Naturtrüb

생산지　뮌헨
제조사　파울라너 양조장(브라우 홀딩 인터내셔널)
발효방식　상면발효
종 류　헤페 바이젠
알코올　5.5%

🍺 Tasting Note

탁한 황금색. 전체적으로 가볍고 부드러워 마시기 편하며, 탄산기가 알맞아 청량감이 느껴진다. 달달한 밀의 향, 바나나 향, 가벼운 클로브 향이 느껴지고 스파이스, 약한 감귤의 맛도 드러난다. 효모 냄새도 올라온다. 독일의 브랏 소시지와 매우 잘 어울린다.

 ### Beer Story

맥주의 이름인 '파울라너'는 1600년대 뮌헨에 수도원을 세운 성 파올라 프란시스에서 따온 것. 뮌헨의 6대 양조장인 '빅6' 가운데 하나다.

'헤페 바이젠Hefe Weizen'이란?

'헤페'는 독일어로 효모, 헤페 바이젠은 '효모가 살아 있는 밀 맥주'라는 뜻이다. 병 아래에 효모가 침전되어 있는데, 독일 사람들은 이를 건강식품으로 생각한다. 효모를 따르는 요령은 먼저 맥주병의 맥주를 1cm 정도 남겨두고 잔에 따른 다음, 병을 가볍게 흔들어 나머지 거품과 함께 효모를 따르면 된다.

파울라너 살바토르

Paulaner Salvator

독일

생산지	뮌헨
제조사	파울라너 양조장(브라우 홀딩 인터내셔널)
발효방식	하면발효
종 류	도펠 복
알코올	7.9%

Tasting Note

빨간 색조의 탁한 호박색. 숙성이 매우 잘 된 맥주다. 풍부한 거품 헤드. 몰트 향, 무화과나무, 당밀의 향이 느껴진다. 캐러멜 맛이 강하다. 바나나, 클로브 맛이 나타나고 약한 이스트 맛은 달달한 맛을 상충시켜 준다. 홉의 쓴맛은 약하다. 입에서 느껴지는 촉감이 부드럽다. 알코올 도수가 높아 잠자기 전에 마시거나 추운 날씨에 잘 어울리는 맥주. 치즈를 곁들이면 좋다.

Beer Story

파울라너 살바토르의 맥주상표를 보면 수도사와 대공의 모습이 그려져 있다. 옛날 독일의 바이에른 지역에서는 대공이 일 년에 한 번 수도원에 들러, 도수가 매우 강한 살바토르 맥주 한 잔을 건네받는 것이 지역의 풍습이었다고 한다. 대공이 맥주를 마시는 동안 수도사는 대공에게 지역 사람들이 대공을 어떻게 생각하는지 말해 주곤 했다고. 살바토르는 라틴 어로 '구세주' 라는 뜻이다. '복Bock 비어' 는 알코올 도수가 높은 라거 맥주로, 보통 알코올 도수가 5.5%에서 8%에 이른다.

에딩거 바이스비어 Erdinger Weissbier

생산지	에딩
제조사	에딩거 바이스브로이
발효방식	상면발효
종 류	헤페 바이젠
알코올	5.3%

Tasting Note

탁한 황금색. 할러타우 지역의 신선한 샘물과 홉을 사용. 부드러우면서 탄산기가 강하다. 약간의 바나나와 클로브 향이 난다. 홉의 향은 별로 느껴지지 않아 얕은 쓴맛으로 끝난다. 미디엄 보디. 바이스비어 전용 잔에 따라 마셔야 풍미를 제대로 느낄 수 있다.

Beer Story

에딩거 바이스브로이의 양조장은 1886년 밀 맥주의 양조가 맥주순수법으로부터 자유로워졌을 때 설립되었다. 뮌헨에서 동북쪽으로 약 35km 떨어진 에딩 지역에서 이 양조장이 에딩거 바이스브로이라는 회사 이름을 사용하기 시작한 것은 1949년부터다.

에딩거 바이스브로이는 세계에서 가장 유명한 밀 맥주 회사이자 세계에서 가장 큰 밀 맥주 양조장을 가지고 있다. 회사 이름대로 밀 맥주인 에딩거 바이스비어가 회사의 대표적인 맥주다.

에딩거 바이스비어 둥켈

독일

생산지   에딩
제조사   에딩거 바이스브로이
발효방식   상면발효
종 류   뮌헨 스타일 둥켈 바이젠
알코올   5.6%

Tasting Note

탁한 다크 브라운색. 거품이 부드럽고 풍부하며, 탄산기가 강하다. 볶은 몰트, 밀, 농익은 바나나, 초콜릿, 감귤, 약간의 이스트 향과 맛이 난다. 약한 정도의 홉 맛도 느껴진다. 전체적으로 몰트의 향과 맛이 강하다. 미디엄 보디.

Beer Story

둥켈 바이젠의 향은 헤페 바이젠과 비슷하지만 엷은 색의 바이스비어보다 몰트 향맛이 더욱 두드러진다. 길쭉하고 늘씬한 플루트형 바이젠 잔에 따라 마셔야 제맛을 느낄 수 있다.

'둥켈 바이젠' 이란?

둥켈 바이젠또는 '둥클레스 바이스비어' 은 둥겔과 미찬가지로 바이에른 지역의 맥주다. 검은 보리 또는 밀몰트로 만들어진 '검은색의 밀 맥주' 를 말한다.

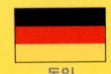

독일

바이헨슈테파너 헤페 바이스비어
Weihenstephaner Hefe Weissbier

생산지	바이헨슈테판
제조사	바이에른주 슈테판 양조장
발효방식	상면발효
종 류	헤페 바이젠
알코올	5.4%

Tasting Note

탁한 황금 호박색. 풍부한 거품과 알맞은 탄산기. 바나나와 클로브가 섞인 듯한 이스트 맛, 밀몰트, 스파이스, 레몬의 맛도 약간씩 드러난다. 쓴맛은 느껴지지 않는다. 라이트–미디엄 보디. 청량감과 부드러움이 잘 조화되어 마시기 편하다. 향, 맛이 조화로운 밀 맥주.

Beer Story

뮌헨 북쪽에 위치한 작은 도시 바이헨슈테판 지역의 맥주. 바이헨슈테파너는 독일어로 '성스러운 슈테판' 이라는 뜻이다.

725년에 세워진 베네딕트 수도원의 바이헨슈테판 양조장은 현존하는 전 세계 맥주 양조장 가운데 가장 오래된 양조장이다. 1040년부터 맥주를 만들기 시작했는데, 현재는 주(州) 소유의 양조장으로 맥주 양조 과정으로 유명한 뮌헨공과대학과 관계를 맺고 있다.

바이헨슈테파너 헤페 바이스비어 둥켈

독일

Weihenstephaner Hefe Weissbier Dunkel

생산지 바이헨슈테판
제조사 바이에른주 슈테판 양조장
발효방식 상면발효
종 류 둥켈 헤페 바이젠
알코올 5.3%

 Tasting Note

탁한 다크 브라운색. 클로브, 농익은 바나
나, 캐러멜, 흑설탕, 볶은 몰트, 이스트의 향과 맛이
드러난다. 홉의 맛은 그리 느껴지지 않고 약간 달
달한 맛으로 끝난다. 깔끔하고 알맞은 탄산기를 가
지고 있다. 미디엄 보디.

Beer Story

바이헨슈테파너 맥주는 역사와 전통이 말해
주듯 질 좋은 맥주로 손꼽힌다. 국내에 소개된 3
가지 종류의 밀 맥주를 맛보면 헤페 바이젠, 둥
켈 바이젠, 크리스탈 바이젠의 제대로 된 맛을
음미할 수 있다.

바이헨슈테파너 헤페바이스비어 둥켈은 둥켈
바이젠의 전형적인 맛을 가진 고급 맥주다. 거품이 매우 풍부해 마실 때까지
남아 있다.

바이헨슈테파너 크리스탈 바이스비어

Weihenstephaner Kristall Wiessbier

생산지   바이헨슈테판
제조사   바이에른주 슈테판 양조장
발효방식   상면발효
종 류   크리스탈 바이젠
알코올   5.4%

 Tasting Note

맥주 이름 그대로 수정같이 맑은, 옅은 황금색. 풍부한 거품. 알맞은 탄산기와 세밀한 탄산 방울이 특징이다. 이스트, 밀몰트, 페일몰트, 약간의 홉, 클로브, 바나나, 약한 귤감류의 향과 맛이 나타난다.

🍺 **Beer Story**

효모는 제거했지만 효모의 맛을 느낄 수 있는 맥주다. 바이헨슈테파너 헤페바이스와 맛이 비슷하나, 바나나와 과일 맛이 줄어들고 홉의 맛이 늘어나 헤페바이스에서는 맛볼 수 없는 드라이한 맛을 느낄 수 있다.

'**크리스탈 바이젠**Kristall Weizen', '**크리스탈 바이스비어**Kristall Weissbier'?

크리스탈 바이젠은 효모를 제거한 밀 맥주로 깨끗한 투명감이 특징이다. 외관은 엷은 보리색–진한 황금색. 아로마는 헤페 바이젠과 비슷하지만 헤페 바이젠과 같은 효모의 향은 느껴지지 않는다.

슈무커 헤페 바이젠

Schmucker Hefe Weizen

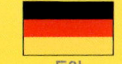

독일

생산지	모자우탈
제조사	슈무커 양조장
발효방식	상면발효
종 류	헤페 바이젠
알코올	5.0%

 Tasting Note

탁한 황금색. 풍부한 거품. 이스트, 밀몰트,
바나나, 약간의 버블검의 향과 맛을 가지고 있다.
스파이스나 홉의 맛은 드러나지 않는다.

🍺 **Beer Story**

슈무커 맥주 회사는 1780년 독일의 모자우탈
지역에 설립되어 현재 약 90명의 종업원을 두고
있는 개인 회사.

약 17가지 종류의 맥주를 생산하고 있는 슈무
커는 회사 규모로 보자면 지역 맥주에 속하지만,
독일 전체에 맥주를 배급하고 있을 뿐 아니라 우
리나라를 비롯해 이탈리아, 스페인, 프랑스, 미
국에도 수출을 넓히고 있다.

슈무커 슈바르츠비어

Schmucker Schwarzbier

생산지	모자우탈
제조사	슈무커 양조장
발효방식	하면발효
종 류	독일 슈바르츠비어
알코올	4.8%

Tasting Note

브라운색. 보통 정도의 황갈색 거품을 가지고 있으나, 거품이 오래 지속되지는 않는다. 달달한 몰트, 캐러멜, 홉의 향을 가지고 있으며, 볶은 몰트, 홉, 약한 캐러멜의 맛이 나타난다. 라이트-미디엄 보디. 드라이한 피니시로 끝난다.

Beer Story

'슈바르츠비어Schwarzbier'는 독일의 크롬바흐 지역에서 옛날부터 만들어 오던 맥주다. 독일어로 '슈바르츠'는 '검다'는 뜻. 검은색의 맥아와 구운 맥아로 만들어진다. 보통 슈바르츠비어는 짙은 차색에서 검은색에 이르는 진한 색깔을 지니고 있다. 하면발효이기 때문에 샤프하고 깔끔한 맛이 특징. 과일 향은 없고 로스트 몰트의 풍미가 느껴지나 지나치게 강하지는 않다. 몰트의 감미는 적고 홉의 향맛은 조금 느껴지는 정도다.

Oettinger Hefe Weissbier Naturtrüb 독일

생산지　웨팅어
제조사　웨팅어 양조장
발효방식　상면발효
종 류　헤페 바이젠
알코올　4.9%

Tasting Note

탁한 오렌지 색조의 황금색. 풍부한 거품이
오래 남는다. 탄산기는 조금 강한 편. 밀몰트, 바나
나, 클로브의 향이 느껴진다. 몰트의 맛이 나타나
지만 홉의 맛이나 쓴맛은 별로 느껴지지 않는다.

Beer Story

1731년에 설립된 웨팅어 맥주 회사는 독일에
서 맥주 생산량이 가장 많은 맥주 회사로 5개의
양조장을 가지고 있다. 웨팅어 맥주 회사는 독일
맥주 생산량의 6.7%를 차지하며 크롬바커, 비트
부르거, 바르스타이너, 벡스가 그 뒤를 잇고 있
다. 현재 14가지 종류의 맥주를 생산하고 있다.

웨팅어 맥주 회사의 또 다른 제품으로 8.9%
의 고高알코올 에일 맥주인 웨딩어 슈피 포르테
도 국내에서 판매되고 있다.

바르스타이너 프리미엄 페룸

Warsteiner Premium Verum

생산지	바르스타인
제조사	바르스타이너 양조장
발효방식	하면발효
종 류	독일 필스너
알코올	4.8%

Tasting Note

옅고 투명한 황금색. 풍부한 거품. 깔끔하고 청량감이 느껴진다. 홉의 드라이한 피니시로 갈증 해소에 좋다. 젊은 사람들은 이 맥주를 병째 마시는 습관이 있기 때문에 맥주병의 목이 길고 뚜껑에 은박지가 없다.

 ## Beer Story

1953년부터 바르스타인 지역에서 양조를 시작하였다. 독일에서 가장 큰 개인 소유 양조장이다. 바르스타이너 양조장에서 생산되는 맥주 가운데 가장 대중적인 맥주가 바르스타이너 프리미엄 페룸이다. 프리미엄 페룸은 필스너 스타일의 맥주로 60여 개 지역에 수출된다. 숲에서 나오는 신선한 샘물의 연수 성분이 부드러운 맛과 진하고 부드러운 거품 헤드를 만든다.

독일의 비어 가든Beer Garden / 비어 홀Beer Hall

독일에서 맥주 하면 뮌헨과 뮌헨이 속해 있는 바이에른 지역을 빼놓을 수 없다. 독일에서 맥주가 가장 풍요로운 이들 지역의 맥주문화를 보여주는 것이 바로 비어 가든독일어로 비어 가르텐(Bier Garten)과 비어 홀이다.

비어 가든과 비어 홀을 처음 찾는 사람들은 가장 먼저 그 규모에 놀란다. 뮌헨에서 가장 유명한 비어 가든 가운데 하나인 호프브로이하우스에는 무려 4,000명이 앉을 수 있는데, 그래도 연일 사람들로 가득 찬다. 뮌헨의 한 야외 비어 가든 가운데는 무려 7,000명이 함께 맥주를 마실 수 있는 곳도 있다.

비어 가든이나 비어 홀은 자유롭게 자리를 택해 앉을 수 있지만 손님이 많을 경우에는 합석하기도 한다. 다만 한 가지 알아두어야 할 것은 단골손님을 위한 자리가 있다는 것. 이를 독일어로 '스탐티슈Stammtisch' 라고 부르는데, 만약 테이블에 이런 예약표시가 되어 있으면 그 자리에 앉아선 안 된다.

비어 가든이나 비어 홀 가운데 셀프 서비스로 운영되는 곳이 많다는 것도 독일식 비어 가든의 특징. 셀프 서비스 테이블에 앉았으면 카운터에 가서 맥주와 음식을 주문하고 돈을 지불한 뒤 맥주와 안주를 가져오면 된다.

뮌헨의 독특한 맥주문화 가운데 하나는 비어 가든에 음식을 싸 가지고 갈 수 있다는 것. 대부분의 비어 가든에서는 자신이 준비한 음식을 싸 가지고 와도 되지만, 대신 식탁보가 없는 곳에서 맥주를 마셔야 한다. 식탁보가 있는 테이블에서는 음식을 가지고 와서 먹을 수 없다. 수백 년 전부터 이어져 내려온 전통이다.

보통 뮌헨의 비어 가든이나 비어 홀에서는 묵직한 1ℓ들이 잔에 맥주를 마신다. 뮌헨이나 바이에른 지역에서는 1ℓ늘이로 맥주를 마시는 곳이 많지만, 다른 독일 지역은 이보다 작은 맥주잔으로 마신다. 다만 뮌헨 지역에서도 바이젠Weizen은 0.5ℓ들이 잔에 마신다.

★ 벨기에 맥주 소개 ★

　벨기에는 전 세계에서 가장 다양하고 특색 있는 맥주를 생산하고 있는 나라다. 맥주 브랜드로 보자면 500여 개 이상의 맥주가 생산된다. 벨기에는 또한 영국의 펍처럼 맥주카페가 발달되어 맥주를 쉽게 즐길 수 있다. 벨기에의 맥주카페는 수십 가지의 맥주를 판매하는 곳이 적지 않으며, 각 맥주에 맞는 다양한 전용 잔을 구비하고 있다.

　벨기에는 독일의 맥주순수령과 같은 엄격한 규제가 없기 때문에 오히려 다양한 맥주가 만들어질 수 있었다. 벨기에 특유의 맥주로는 람빅Lambic: 천연발효 맥주, 트라피스트 맥주Trappist Beer: 트라피스트 수도원 맥주, 애비 맥주Abbey Beer: 수도원의 제조법에 따라 만들어지는 맥주, 화이트 비어White Beer: 밀 맥주, 스트롱 에일Strong Ale: 고알코올 도수의 맥주 등을 꼽을 수 있다.

　또한 벨기에는 맥주와 곁들여 먹는 음식이 발달된 나라이기도 하다. 보통 독일에서 맥주 안주로 소시지나 족발을 많이 먹는 것에 반해, 벨기에에서는 살라미나 치즈를 맥주와 곁들여 먹는다. 최근 우리나라에 벨기에 맥주가 수입되기 시작해 아쉬운 대로 벨기에 맥주를 즐길 수 있다.

생산지	대한민국 충북 청원군(원 생산지는 후가르든)
제조사	OB맥주주식회사(인베브)
발효방식	상면발효
종 류	벨기에 화이트 에일
알코올	4.9%

Tasting Note

탁한 금색. 오렌지 껍질과 코리앤더_{고수}의 스파이시한 아로마가 느껴진다. 몰트와 홉의 아로마나 쓴맛은 약하다. 중간에서 느껴지는 산미가 특징. 병내 2차 발효를 거치기 때문에 병에는 효모가 가라앉아 있다. 병의 상표에 맥주를 따르는 법이 그려져 있다. 6각형의 전용 잔'텀블러'라고 부른다에 따라 마셔야 제맛을 느낄 수 있다.

Beer Story

후가르든은 브뤼셀의 동쪽, 밀 재배지로 유명한 브라방 지역에 위치한 마을의 지명이자 맥주의 이름이다. 후가르든은 벨기에의 밀 맥주들 가운데 세계적으로 가장 널리 알려진 것 중 하나로, 몇 년 전부터 라이선스 계약을 맺고 우리나라에서 생산되고 있다.

'화이트 비어White Beer'란?

벨기에에서는 밀 맥주를 '화이트 비어White Beer' 또는 하얀색을 뜻하는 'Wit' 벨기에/네덜란드 어 또는 'Blanche' 벨기에/프랑스 어를 붙여 부르기도 한다. 벨기에에서 생산되는 거의 모든 밀 맥주는 비여과 맥주이기 때문에 탁한 색이 난다.

49

벨기에

스텔라 아르투아 Stella Artois

생산지	루벵
제조사	인베브
발효방식	하면발효
종 류	체코 필스너
알코올	5.2%

Tasting Note

엷은 황금색. 체코의 필스너 맥주를 모델로 삼아 만들어진 맥주. 스텔라 아르투아의 필스너 맥주는 해를 거듭할수록 맛이 가볍고 순해지고 있지만 아직 사츠 홉의 맛과 향을 간직하고 있다. 라이트 보디. 옥수수가 함유됐다.

 ## Beer Story

스텔라 아르투아는 벨기에의 필스너 맥주 가운데 전 세계적으로 가장 널리 알려진 맥주다.

'맥주의 마을'인 뢰벤루뱅에서 만들어지는 스텔라 아르투아의 상표명은 맥주 양조장을 세운 세바스티안 아르투아의 이름과 라틴 어로 별을 뜻하는 '스텔라'를 합친 말이다. 원래 크리스마스 맥주로 양조를 시작했기 때문에 '스텔라'라는 말을 상표명에 넣었다. 1366년 설립된 스텔라 아르투아는 현재 인베브 소유로 되어 있다.

'수도원 맥주'

벨기에 맥주 가운데 수도원과 관련이 있는 맥주는 '트라피스트 맥주Trappist Beer'와 '애비 맥주Abbey Beer' 2종류가 있다. 이 가운데 수도원에서 직접 제조되는 맥주는 트라피스트 맥주뿐이다. 트라피스트는 수도원의 이름.

트라피스트 맥주는 트라피스트회의 수도원에서 만들어지는 맥주의 통제호칭으로 6개 수도원에서 만들어진다. 1997년부터 트라피스트 수도원에서 만들어지는 맥주의 라벨에 '트라피스트'라는 딘이가 들어가기 시작했다. 일종의 정품인증서인 셈이다. 트라피스트 맥주는 일반적으로 양질의 벨기에 맥주로 통한다.

트라피스트 맥주 가운데 쉬메이와 웨스트말라가 가장 대중적이다. 트라피스트 맥주는 포도주잔과 같이 목이 길고 둥근 모양의 전용 잔에 따라 마신다. 트라피스트 맥주나 애비 맥주는 알코올 도수가 강하기 때문에 라거처럼 벌컥 들이켤 수 없고 포도주처럼 맛을 음미하면서 마셔야 한다.

두 맥주 모두 상면발효로 만들어지며, 몰트의 향과 과일향이 강하고 알코올 도수가 높다. 또한 많은 맥주들이 얼음사탕을 사용하여 만들어져 럼과 같은 풍미가 난다. 색깔은 대체로 진하고 풀 보디의 맥주이며, 모두 병내 2, 3차 발효를 거친다.

벨기에

웨스트말라 트리펠 Westmalle Tripel

생산지	말라
제조사	웨스트말라 양조장
발효방식	상면발효
종 류	트라피스트 맥주(트리펠)
알코올	9.5%

Tasting Note

옅은 황금색. 농익은 바나나 향, 프루티한 아로마. 바나나와 감귤류의 달콤함, 좋은 홉의 향과 쓴맛이 드러난다. 알코올 도수가 높은 벨기에 에일은 치즈 안주와 잘 어울린다. 14℃ 정도에서 보관하고 10℃ 이상의 온도로 마시는 것이 좋다. 너무 차게 마시면 트리펠 특유의 향을 즐길 수 없다.

 ## Beer Story

트라피스트 맥주 가운데 하나인 웨스트말라는 벨기에의 웨스트말라 지역에 위치한 성심 성모마리아 수도원에서 1836년부터 만들어지기 시작한 맥주. 1919년경, 웨스트말라 양조장에서 필스너 맥주의 주재료인 몰트와 홉을 사용하여 '골든 트리펠', 즉 필스너와 같은 황금색을 띠는 트리펠 맥주를 개발해 냈다.

웨스트말라의 트리펠은 다른 맥주 회사에 의해 많이 모방된 트리펠 맥주의 원조로 '트리펠 맥주의 어머니'라고 불린다. 최초로 '트리펠'이라는 이름을 사용한 황금색의 스트롱 페일 에일로, 1934년 처음 양조된 방식대로 현재까지 만들어지고 있다.

생산지	말라
제조사	웨스트말라 양조장
발효방식	상면발효
종 류	트라피스트 맥주(두벨)
알코올	7.0%

Tasting Note

진한 호박색. 풍부한 거품이 오래 지속된다. 몰트, 캐러멜, 말린 과일, 흑설탕, 홉의 향과 맛이 나타난다. 부드러운 미디엄 보디. 깔끔하고 드라이한 피니시가 길게 이어진다.

Beer Story

웨스트말라와 같은 트라피스트 맥주는 주로 고블릿 잔에 마신다. 벨기에 현지에서는 웨스트말라 트라피스트 맥주를 생맥주로 즐길 수 있다.

'두벨Dubbel', '트리펠Tripel'이란?

트라피스트 수도원에서는 보통 알코올 도수별로 3가지의 맥주를 구별하여 생산하는데, 이 과정은 차를 우려내는 이치와 같다. 맥주를 만들 때 몰트의 성분을 완전히 추출하기 위해 보리몰트를 넣고 세 차례 물을 통과시키는데, 이 때마디 알코올 도수가 달라지게 된다. 알코올 도수가 가장 약한 '싱글'은 시중에 유통되지 않고 수도원에서 소비된다. 두벨은 알코올 도수가 6~6.5%, 트리펠은 9% 정도. 두벨은 진한 색이 나고, 트리펠은 엷은 색이 난다.

레프 블론드 Leffe Blonde/Blond

생산지	디낭
제조사	인베브
발효방식	상면발효
종 류	벨기에 애비 에일(수도원계 맥주)
알코올	6.6%

Tasting Note

호박 색깔앰버. 거품이 풍부하다. 사과, 바나나, 배와 같은 과일의 향이 느껴지는 프루티한 향과 약간의 클로브, 바닐라, 캐러멜 맛이 드러난다. 5~6℃에서 마시는 것이 가장 좋다. 포도주잔처럼 생긴 레프 맥주 전용 잔에 따라 마셔야 제맛을 느낄 수 있다.

Beer Story

레프 소재 노트르담 수도원은 1152년에 설립되었다. 레프 맥주는 벨기에뿐 아니라 다른 나라에도 많이 알려진 애비 맥주. '레프'라는 이름은 벨기에 남부의 옛 도시 디낭 지역에 위치한 자그마한 레프 강에서 따온 것. 이곳에 위치한 '레프 노트르담 수도원'은 1950년대에 수도원을 유지하기 위한 방편으로 지역의 맥주 회사에게 레프 수도원의 맥주를 만들 수 있도록 허가를 내주었다.

생산지   디낭
제조사   인베브
발효방식 상면발효
종 류   벨기에 애비 에일(수도원계 맥주)
알코올   6.5%

 Tasting Note

브라운색. 캐러멜, 달콤하고 프루티한 아로
마. 레프 브롱드보다 50% 이상 쓴맛이 느껴지지만
원재료인 볶은 보리와 브라운 슈거의 캐러멜 맛이
피니시의 쓴맛을 상쇄해 준다. 미디엄 보디. 5~6
℃에서 마시는 것이 좋다.

 Beer Story

애비 맥주는 일반 맥주 회사가 수도원으로부
터 라이선스를 얻어 수도원의 맥주 양조 방식을
기초로 만들어지는 맥주를 말한다. 우리말로 옮
기자면 애비 맥주는 '수도원계係 맥주'라고 부를
수 있다. 보통 트라피스트 수도원의 맥주들과 구
분하기 위해 '애비 맥주'라고 부른다. 이러한 맥
주들의 라벨에는 벨기에 어로 '수도원'을 이미하는 'Abbaye' 또는 'Abdij'
라는 문자가 쓰여 있다.

두블 Duvel

생산지	브린동크
제조사	두블 모르가트
발효방식	상면발효
종 류	벨기에 스트롱 골든 에일
알코올	8.5%

 Tasting Note

황금색. 향이 풍부하고 오렌지의 풍미와 피어 브랜디(배를 증류하여 만든 브랜디), 덜 익은 사과를 생각나게 하는 맛과 부드럽고 드라이한 맛을 지니고 있다. 두블의 잔은 위쪽 부분에서 안쪽으로 들어가 맥주를 따를 때 맑은 거품이 만들어진다. 10℃의 온도에서 마시는 것이 좋다.

Beer Story

두블은 벨기에 스트롱 골든 에일의 원조. 벨기에 특유의 황금색을 띤 고(高)알코올 에일 맥주를 '스트롱 골든 에일'이라고 부른다. 보통 알코올 도수는 7~11%. 꽃의 향과 맛이 강하게 드러난다. '두블'은 '악마'라는 뜻으로, 1871년 벨기에의 브린동크 지역에 있는 모르가트 가족 소유의 양조장에서 만들어진 맥주다. 이들은 골든 라거의 유행에 대처하기 위해 실험적으로, 라거의 제조에 사용하는 페일 몰트와 영국 에일 맥주의 원재료인 스티리언 골딩스 몰트, 체코의 사츠 홉을 넣고 3~4개월의 숙성을 거쳐 새로운 맥주를 만들었다. 어느 날 처음 이 맥주를 맛본 누군가가 "이건 맥주의 악마다"라고 말한 데서 악마라는 이름이 붙게 되었다.

생산지	부겐호트
제조사	드 란트쉬어 양조장
발효방식	상면발효
종 류	트리펠
알코올	10.0%

Tasting Note

밝은 황금색. 거품이 오래 간다. 알맞은 탄산기. 꿀, 다양한 과일의 프루티한 아로마와 알코올기가 코에서 느껴진다. 알코올 도수가 높지만 복잡한 아로마와 깊은 맛에 잘 숨겨져 있다. 몸을 따뜻하게 해주는 알코올의 강도와 프루티한 쓴맛이 특징. 홉의 쓴맛은 혀끝으로 갈수록 점점 더 느껴지며 입안에서 오래 남는다.

Beer Story

드 란트쉬어는 원래 1690년에서 1938년까지 운영된 드 란트쉬어 가문의 양조장에 세워진 맥주 회사. 양조장은 옛 가문의 이름을 사용하고 있지만, 이곳에서 생산되는 맥주는 '말외르' 라는 이름으로 잘 알려져 있다. 말외르는 1997년부터 만늘어지기 시작한 맥주로, '말외르 4' 라 불리는 저알코올 브랜드로 출발하여 그 후 '8', '10' 그리고 '12' 를 생산하기 시작하였다. 맥주계의 신생 주자지만 다른 맥주 회사를 놀라게 할 만큼 빠르게 성장한 요인 가운데 하나는 웨스트말라의 배급자와 긴밀하게 연결되어 있기 때문이다.

린데만스 프람부아즈 Lindemans Framboise

벨기에

생산지	비젠비크
제조사	린데만스 양조장
발효방식	자연발효
종 류	람빅(프람부아즈)
알코올	2.5%

Tasting Note

장밋빛. 거품이 풍부하다. 처음에는 꽃의 풍미로 시작하여 매우 달콤한 라즈베리 주스의 맛으로 전개된다. 끝에는 람빅 특유의 백포도주와 같은 신맛이 나타나 단맛과 절묘한 조화를 이룬다. 약 2~3℃에서 마시는 것이 좋으며 긴 플루트 잔에 마셔야 제맛이 산다. 초콜릿이 섞인 디저트, 과일이 들어간 파이나 푸딩과 잘 어울린다.

Beer Story

람빅 맥주에도 여러 종류가 있는데, 가장 마시기 쉬운 람빅으로는 '크릭Kriek'과 '프람부아즈Framboise'를 들 수 있다. 크릭은 프레미쉬 어로 '체리'를 뜻하고, 프람부아즈는 프랑스 어로 '라즈베리'를 말한다. 크릭 맥주는 람빅과 체리를, 프람부아즈 맥주는 람빅과 라즈베리를 함께 넣고 발효시켜 만드는데, 때로 '과일 람빅 맥주Fruit Lambic Beer'라고 부르기도 한다.

'람빅Lambic' 이란?

'람빅'은 야생효모로 만든 '자연발효 맥주'를 말한다. '람빅'이란 이름은 부뤼셀 근처, 브라방 지역의 '렘비크Lembeek: '라임 샛강' 이라는 뜻'에서 따온 것. 브뤼셀 근처의 젠느 강 계곡이 람빅의 원산지다.

계절에 맞게 맥주 즐기기

봄 맥주 : 겨울의 차가운 기운이 가시고 봄이 느껴질 때 생각나는 맥주로는 '복비어Bockbier'를 꼽을 수 있다. 보통 복비어는 색깔이 진하고 몰티Malty하며 알코올 도수가 높다. 복비어보다 알코올 도수가 좀더 강한 맥주는 '도펠복Doppelbock'이라고 부른다. '봄 맥주'에 대한 생각은 독일 남부의 바이에른 지역, 특히 뮌헨이 강하다. 뮌헨에서 도펠복은 봄이 다 가올 때 겨울의 우울함을 치유해 주는 맥주로 알려져 있다. 사실 도펠복은 한기가 느껴지는 가을철부터 초봄에 이르기까지 마시기 좋은 맥주다.

여름 맥주 : 여름 하면 가장 먼저 떠오르는 맥주는, 벨기에의 전통맥주인 '세송Saison'. '계절'이라는 의미의 세송은, 맥주 용어로는 '여름 맥주'를 뜻한다. 세송은 약초, 과일의 향과 오렌지의 신맛 그리고 깔끔하고 드라이한 맛을 지니고 있어 여름날의 갈증을 해소시켜 준다. 벨기에와 독일의 밀 맥주 또한 여름의 갈증을 달래주는 맥주로 손꼽힌다.

가을 맥주 : '가을 맥주'로 유명한 맥주는 독일 바이에른 지역의 '옥토버페스트비어Oktoberfestbier'. 독일어로 '10월 축제 맥주'라는 뜻이다. 3월을 뜻하는 '메르젠Märzen'이라고도 부른다. 냉장고가 없던 시절, 독일의 바이에른 지역에서는 맥주의 양조 시즌이 끝나는 3월경에 여름에 마실 맥주를 서늘한 알프스 동굴에 보관하였다가, 여름이 지나고 남은 맥주를 가을 축제에 사용하였다. 3월에 만든 맥주를 10월에 마시기 때문에, 같은 종류의 맥주를 '메르젠'이나 '옥토버페스트비어'라고 부르는 것이다.

크리스마스 맥주 : 겨울철의 분위기를 느끼기에 가장 좋은 맥주는, 크리스마스 시즌을 겨냥해 출시되는 '크리스마스 맥주'다. 보통 크리스마스 맥주는 크리스마스를 뜻하는 '노엘Noel', 'X-Mas'나 산타클로스와 관련된 이름을 가진 것이 많다. 라벨에는 눈사람, 신디클로스, 시슴, 크리스마스 트리 등의 모습이 그려져 있어 맥주병만 보아도 크리스마스 분위기가 느껴지는데, 대체로 알코올 도수가 높은 편이다.

체코는 전 세계에서 개인 맥주 소비량이 가장 많은 나라다. 체코 맥주의 주종은 '필스너'. 라거 계열 맥주를 대표하는 필스너또는 필스너 스타일는 전 세계 맥주 생산량의 90% 이상을 차지하는 맥주다.

1842년 필스너가 처음 만들어진 곳이 바로 체코의 플젠Plzen으로, '필스너'라는 맥주의 이름은 플젠이라는 지명에서 나온 것. 필스너 맥주는 밝고 투명한 황금색으로 깔끔한 맛, 뒷맛에서 느껴지는 고급스러운 홉의 쓴맛이 특징이다. 플젠에서 만들어지는 필스너 맥주는 '필스너 우르켈'이라는 이름으로 팔리고 있다. '오리지널원조 필스너 맥주'라는 뜻이다.

체코의 필스너 맥주는 독일로 건너가 독일식 필제너를 탄생시켰다. 오늘날 필스너 맥주를 대별하자면 체코식 필스너와 독일식 필스너로 나눌 수 있다. 이제 필스너 맥주는 필스너, 필제너, 필스로 다양하게 불리면서 전 세계 맥주의 주종이 되었다. 하지만 필스너가 대형 맥주 회사에 의해 생산되면서 고유한 맛이 사라지고 맛이 엷어진 라거로 변하고 있다. 따라서 엄밀히 말하자면, 이러한 맥주들은 필스너가 아니라 '필스너 스타일' 라거로 부르는 게 옳다.

생산지	플젠
제조사	플젠스키 프라즈로이 양조장(삽–밀러)
발효방식	하면발효
종 류	체코 필스너
알코올	4.4%

 Tasting Note

고전적인 체코 필스너로서 투명한 황금색을 지니고 있다. 몰트와 홉의 맛이 조화로운 맥주다. 스파이시한 아로마가 부드러운 보리몰트의 플레이버와 균형을 이룬다. 체코산産 사츠 홉의 씁쓸한 맛이 특징이지만, 옥수수를 사용해서인지 최근 들어 홉의 드라이한 맛이 적어져 아쉬움이 있다. 보디는 독일의 필제너보다 약간 무거운 느낌. 세밀하고 풍부한 순백의 거품이 보기 좋다. 마실 때는 최적 상태의 맥주 거품을 유지하기 위해 원뿔 모양의 필스너 잔을 사용해야 한다.

Beer Story

1842년 설립된 플젠스키 프라즈로이 맥주 회사는 체코 국내 맥주 생산량의 1/5을 차지할 뿐아니라 체코에서 가장 큰 맥주 수출 회사이기도 하다. 대부분의 체코의 대형 양조장과 마찬가지로 필스너 우르켈 양조장 또한 국제적인 초대형 맥주 회사인 삽–밀러의 소유다. 플젠의 양조장에서 만들어지는 필스너 우르켈의 상표에는 체코 어로 '플젠스키 프라즈로이' 라고 쓰여 있지만, 그 외의 지역에서는 독일어인 '필스너 우르켈' 이라는 이름을 사용한다.

부데요비츠키 부드바 Budejovicky Budvar

체코

생산지	체스케 부데요비체
제조사	부데요비츠키 부드바 양조장
발효방식	하면발효
종 류	체코 필스너
알코올	5.0%

Tasting Note

엷은 황금색. 모라비아 지방의 보리, 사츠 홉과 깨끗한 천연수를 사용하여 만들어졌다. 풍부하고 진한 헤드의 거품이 매력적이다. 달콤한 몰트 맛과 홉의 쓴맛이 아름답게 조화를 이룬 맥주. 약한 꽃 향, 포도 향, 비스켓 몰트의 맛이 나타나다가 끝에서 드라이한 맛이 조금 느껴진다.

Beer Story

1895년에 만들어진 부데요비츠키 부드바^약 _{칭 부드바이저} 맥주 회사는 1945년 국유화되었다가 1989년 현재의 경영 형태를 갖추었다. 부드바이저는 체코에서 필스너 우르켈 다음으로 유명한 맥주로, 체코의 체스케 부드요비체^{독일} _{어로 '부드바이스'로 불린다} 마을에서 생산된다. 부드바 맥주와 미국의 '버드와이저'는 서로 다른 맥주이나 영어식 발음상 같은 이름을 사용하고 있기 때문에 체코의 부드바이저 맥주 회사와 버드와이저를 생산하는 미국의 안호이저-부시 간에 상표권 분쟁이 오랫동안 계속되고 있다.

체코

생산지	나호드
제조사	피보바르 나호드
발효방식	하면발효
종 류	체코 필스너
알코올	4.9%

 Tasting Note

황금색. 풍부한 거품이 오래 남는다. 처음에 풍부한 몰트 맛이 느껴지고, 중간부터 고급스러운 사츠 홉의 맛이 이어진다. 드라이한 피니시로 끝난다. 깔끔한 맛과 청량감이 느껴지는 체코식 필스너.

Beer Story

1872년 체코 북부에 위치한 나호드 지역에서 설립되어 다음 해부터 맥주 양조를 시작하였으며 1935년부터 '프리마토'라는 브랜드명을 사용하였다.

피보바르 나호드 맥주 회사는 체코에서 가장 기술적으로 발전된 양조장 가운데 하나. 2009년까지 시市 소유의 맥주 회사였으나 이후 여러 개의 체코 양조장을 소유하고 있는 투자 회사로 소유권이 넘어갔다. 현재 13가지의 맥주를 생산하고 있다.

하이네켄_{Heineken}

네덜란드

생산지	암스테르담
제조사	하이네켄 맥주 회사
발효방식	하면발효
종 류	유럽 페일 라거
알코올	5.0%

 Tasting Note

엷은 황금색. 보통 정도의 거품이 형성되지만 빨리 없어진다. 달달한 곡물 향과 맛이 먼저 나타나고, 그리 강하지 않은 홉의 맛이 이어진다. 엷은 쓴맛으로 마무리된다. 가볍고 탄산기가 높은 라거 맥주다. 라이트 보디.

Beer Story

1864년 창업한 하이네켄 맥주 회사는 세계에서 네 번째로 큰 맥주 회사다. 현재 약 65개 나라에서 130개가 넘는 맥주 양조장을 운영하고 있다.

170개 이상의 맥주 브랜드를 가지고 있는 하이네켄 맥주 회사의 대표적인 맥주는 하이네켄과 암스텔. 하이네켄은 현재 약 40개 나라의 양조장에서 생산되고 있다.

생산지	암스테르담
제조사	하이네켄 맥주 회사
발효방식	하면발효
종 류	유럽 다크 라거/뮌헨 스타일 둥켈
알코올	5.0%

 Tasting Note

다크 브라운색. 황갈색의 거품이 오래 지속된다. 몰트와 캐러멜의 향이 드러나며, 곡물과 초콜릿 맛이 나타난다. 전체적으로 부드럽고 탄산기가 풍부하다. 피니시에서 쓴맛도 느껴진다.

Beer Story

회사의 이름인 하이네켄은 1863년, 당시 22세의 나이로 암스테르담에서 가장 큰 양조장을 인수하여 다음 해에 하이네켄 맥주 회사를 만든 게라드 아드리안 하이네켄의 이름에서 따온 것이다.

옛 암스테르담 양조장은 오늘날 일반인을 위한 맥주 체험 박물관인 '하이네켄 익스피어리언스' 건물로 시용되고 있다.

65

네덜란드

그롤쉬 프리미엄 라거 Grolsch Premium Lager

생산지	그로엔로
제조사	그롤쉬 양조장(삽-밀러)
발효방식	하면발효
종 류	필스(유럽 페일 라거)
알코올	5.0%

Tasting Note

엷은 황금색. 전체적으로 몰트 맛이 강하지만 홉의 쓴맛도 알맞게 드러난다. 적당한 탄산기를 지닌 라이트 보디의 맥주.

 ### Beer Story

그롤쉬 맥주 회사의 전신은 1615년에 창업한 그로엔로 브루어리다. 당시 그로엔로 마을은 그롤러라는 이름으로 불렸기 때문에 '그롤쉬'라는 맥주 이름이 나왔다. 1898년에 현재 회사의 모습을 갖추었다.

그롤쉬는 네덜란드에서 하이네켄에 이어 두 번째로 큰 필스너 맥주 생산 회사로, 국내 맥주 생산량의 1/5을 점유하고 있다. 스윙 톱으로 막은 병의 디자인이 돋보이는 그롤쉬 프리미엄 라거는 그롤쉬 맥주 회사의 대표적인 맥주로 회사 판매량의 95%를 차지한다.

Bavaria Premium **바바리아 프리미엄**

네덜란드

생산지	리에쇼트
제조사	바바리아 양조장
발효방식	하면발효
종 류	독일 필스너
알코올	4.8%

 Tasting Note

옅은 황금색. 보리몰트와 곡물 맛이 드러나 며, 홉의 향과 맛이 조금 느껴진다. 미미하지만 끝맛에서 감귤류의 맛도 드러난다. 라이트 보디.

Beer Story

네덜란드 사람들이 즐겨 마시는 맥주는 4개의 대형 양조장하이네켄, 바바리아, 그롤쉬, 인베브에서 생산되는 필스너. 이들 맥주가 네덜란드 맥주 시장의 95%를 점유하고 있다. 이 가운데 하이네켄이 시장의 50%를 차지하고, 나머지 세 개의 회사가 각각 15%씩 점유하고 있다.

1719년 창업한 바바리아 사의 양조장은 순수 네덜란드 소유의 양조장으로서 규모가 가장 크다. 현재 창업자인 스윙켈 가족이 경영을 담당하고 있다. 싼 가격대의 맥주로 시장 점유에 주력하고 있는 맥주 회사. 바바리아는 독일의 맥주 명산지 바이에른의 영어 이름이다.

덴마크

칼스버그 비어 Carlsberg Beer

생산지	중국 광둥(원 생산지는 코펜하겐)
제조사	칼스버그 그룹
발효방식	하면발효
종 류	독일 필스너
알코올	5.0%

Tasting Note

엷은 황금색. 몰트의 맛이 지배적이나 약한 감귤의 맛도 조금 나타난다. 뒤에서 약간의 홉의 맛도 느껴진다. 라이트 보디.

Beer Story

1847년에 창업한 칼스버그 맥주 회사는 덴마크 맥주를 대표하는 맥주 회사다. 4개의 맥주 회사를 거느리고 있으며 덴마크 맥주 시장의 7할을 점유하고 있다. 또한 23개 나라에 합병 회사를 가지고 있고 25개 나라에서 라이선스 맥주 생산을 하고 있으며, 140여 개 나라에 맥주를 판매하고 있다.

칼스버그는 1883년 최초로 라거^{하면발효} 효모의 배양균을 분리하는 데 성공한 맥주 회사. 칼스버그 비어는 1904년 처음 만들어진 맥주다.

생산지	지프
제조사	지퍼 양조장(브라우 유니온: 하이네켄)
발효방식	하면발효
종 류	유럽 페일 라거
알코올	5.4%

Tasting Note

얇은 황금색. 안정된 하얀 거품이 특징. 고급스러운 홉의 아로마가 뒷맛을 지배하여 전체적으로 드라이한 인상을 준다. 원래 기다란 원통형의 전용 잔에 따라 마신다.

Beer Story

1858년 창립된 지퍼 맥주 회사는 북오스트리아의 지프 지역에 위치해 있으며, 색깔이 매우 옅은 페일 라거를 전문적으로 생산한다.

지퍼 맥주 회사는 오스트리아에서 홉을 통째로 사용하는 유일한 대형 양조장. 홉 전체를 사용하기 때문에 독특한 홉의 아로마가 드러난다. 지퍼 맥주 회사는 현재 하이네켄 맥주 회사의 소유로 되어 있다.

에델바이스 스노우프레시 바이스비어
Edelweiss Snowfresh Weissbier

생산지	칼텐하우젠
제조사	칼텐하우젠 양조장
발효방식	상면발효
종 류	헤페 바이젠
알코올	5.0%

Tasting Note

밀 맥주 특유의 탁하고 엷은 황금색. 보리 몰트, 밀몰트, 홉, 상면발효 이스트, 순수한 알프스 산맥의 물을 사용하여 제조되는 밀 맥주. 풍부한 거품이 오래 지속된다. 알프스 허브의 독특한 향과 맛이 특징. 피니시에서 홉의 쓴맛이 느껴진다. 여름날 갈증 해소에 좋은 맥주다.

Beer Story

칼텐하우젠 맥주 회사는 잘츠부르크에서 남쪽으로 25km 떨어진 알프스 중턱의 작은 전원 마을인 칼텐하우젠에 위치한 맥주 회사다. 1475년 잘츠부르크 대주교의 공식적인 양조장으로서 설립된 양조장의 한쪽은 바이에른 지역의 산악동굴에 지어졌다. '에델바이스' 라는 꽃 이름의 브랜드는 맥주의 순수성과 독특함을 상징하기 위해 사용된 것.

생산지	스트라스부르
제조사	크로넨버그 양조장(칼스버그 그룹)
발효방식	하면발효
종 류	유럽 페일 라거
알코올	5.0%

Tasting Note

황금색. 페일 라거 양조에 사용되는 알자스 지역의 홉을 사용한다. 부드럽고 청량감이 느껴지며, 약한 몰트 맛과 홉의 쓴맛이 드러난다. 가볍게 마시기에 편한 맥주로 옥수수가 함유됐다.

Beer Story

프랑스는 현재 와인의 나라로 알려져 있지만 중세까지는 맥주를 즐겨 마셨다. 독일 국경에 위치한 스트라스부르는 프랑스 맥주 양조의 중심지 가운데 한 곳. 1664년 자그마한 스트라스부르 브루펍으로 시작하여 20세기 들어 프랑스에서 가장 큰 맥주 회사가 되었다. 1850년 크로넨버그 지역으로 양조장을 옮겼으며, 2차 대전 이후 '크로넨버그'라는 회사 이름을 사용하기 시작하였다.

크로넨버그 1664는 프랑스에서 가장 많이 팔리는 프리미엄 라거 브랜드로 국내 시장의 40%를 차지하고 있다. 현재 칼스버그 그룹의 소유다.

비라 모레티 Birra Moretti

생산지	베르가모
제조사	비라 모레티(하이네켄)
발효방식	하면발효
종 류	유럽 페일 라거
알코올	4.6%

 Tasting Note

옅은 황금색. 약간의 홉 맛이 느껴진다. 청량감과 가벼운 맛을 지닌 맥주로 매운 멕시코 음식이나 향이 있는 이탈리아 음식과 잘 어울린다.

Beer Story

이탈리아는 로마 시대부터 와인 생산지였지만 지속적으로 맥주를 만들고 있는 나라 중 하나다. 특히 스위스와 국경을 접하고 있는 이탈리아 북부에서는 양질의 맥주가 생산되고 있으며, 지역주민들도 맥주를 즐겨 마신다. 이탈리아에서 생산되는 맥주는 대부분 필스너 스타일.

비라 모레티 맥주 회사는 1859년 루이기 모레티가 북이탈리아의 베네치아 북쪽에 위치한 우데이네 마을에 세운 맥주 회사. 슬로베니아 국경 가까이에 양조장이 있다. 모레티 맥주의 상표에 그려져 있는 건실한 노신사의 이미지는 모레티 맥주의 품질을 보장한다는 뜻. 1996년 하이네켄 맥주 회사에 매각되어 이제 모레티 맥주는 하이네켄의 브랜드가 되었다.

페로니 나스트라즈로

이탈리아

생산지	로마
제조사	페로니 양조장(삽-밀러)
발효방식	하면발효
종 류	페일 라거
알코올	5.1%

Tasting Note

엷은 황금색. 맛은 가볍지만 청량감이 있다. 몰트와 홉의 향과 맛은 강하지 않다. 드라이한 피니시. 옥수수 가루가 함유됐다.

Beer Story

페로니 맥주 회사는 1846년에 이탈리아의 비제바노 마을에서 페로니가 설립한 맥주 회사다. 1864년 들어 양조장을 로마로 이전하였으며, 19세기와 20세기에 걸쳐 이탈리아 최대의 맥주 회사로 자리 잡았다. 2005년 거대 맥주 회사인 삽-밀러에 매각되어 이제는 국제적인 맥주 브랜드 가운데 하나가 되었다.

페로니는 페로니 맥주 회사의 주요 브랜드이자, 현재 이딜리아에서 가장 많이 팔리는 페일 라거다.

메나브레아 Menabrea

생산지	비엘라
제조사	비라 메나브레아
발효방식	하면발효
종 류	페일 라거
알코올	4.8%

Tasting Note

엷은 황금색. 풍부한 거품이 난다. 먼저 달달한 맛이 올라오고 약간의 레몬과 꿀의 맛이 느껴지지만, 순수한 몰트보다는 부재료에서 오는 맛이 강하다. 전체적으로 가벼운 느낌. 피니시가 드라이한 것이 특징으로 옥수수가 함유됐다.

Beer Story

비라 메나브레아는 피에몬트 지역의 비엘라에 위치한 맥주 회사다. 원래 비라 메나브레아 맥주 회사는 1846년 맥주 생산을 위한 실험실에서 출발하였다. 150년이 넘는 역사를 자랑하는 비라 메나브레아 맥주 회사는 1872년 메나브레아와 그의 아들들의 소유가 되었으며, 현재 20여 개 나라에 맥주를 수출하고 있다.

생산지	상트 페테르부르크
제조사	발티카 양조장
발효방식	하면발효
종 류	필스너
알코올	8%

 Tasting Note

발티카 No. 3는 전통적인 필스너 맥주로 '클래식'으로 통한다. 러시아 진역에서 가장 많이 소비되는 맥주. 중국이나 중앙아시아의 양꼬치구이와 잘 어울린다. No. 6는 영국에서 유래된 검은색의 포터Porter. 붉은 몰트, 초콜릿, 당밀의 맛이 특징이며 드라이한 피니시도 좋다. No. 7은 5.4%, No. 9은 8%의 페일 라거.

🍾 **Beer Story**

러시아는 근래 맥주 소비가 눈에 띄게 증가하고 있는 나라 가운데 하나다. 1990년 창립된 발티카 맥주 회사는 러시아와 동유럽에서 가장 큰 맥주 공장. 발티카는 '발트해의 맥주'라는 뜻으로,

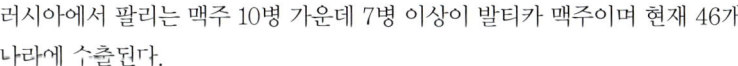

러시아에서 팔리는 맥주 10병 가운데 7병 이상이 발티카 맥주이며 현재 46개 나라에 수출된다.

발티카 맥주의 특징은 병에 맥주 종류별로 숫자가 크게 적혀 있다는 것. No. 0의 무알코올 맥주부터 No. 9까지 숫자가 커질수록 알코올 도수가 높다. 국내의 중앙아시아 음식 전문점에서 주로 유통되는 발티카 맥주는 No. 3, 6, 7, 9다.

North Ameaca & Oceania

캐나다 / 미국 / 멕시코 / 오스트레일리아

무스헤드 라거 Moosehead Lager

생산지	뉴 브런즈윅
제조사	무스헤드 양조장
발효방식	하면발효
종 류	페일 라거
알코올	5.0%

Tasting Note

옅은 황금색. 몰트의 달콤함과 홉의 쓴맛이 좋은 조화를 이룬다. 독특한 맥주의 맛을 내기 위해 묵은 효모를 사용하고 오랜 시간 양조를 거치는 것이 특징. 라이트 보디의 깨끗한 맛이 나며 차게 마시면 청량감이 더욱 많이 느껴진다. 옥수수 함유.

Beer Story

무스헤드 맥주 회사는 캐나다에서 가장 오래된 독립 맥주 양조장이다. 1867년에 창업자 수잔나 올랜드라는 잉글랜드 여성이 캐나다 동부로 이주한 후 노바 스코티아 지역의 뒤뜰에서 맥주 양조를 시작한 것으로도 유명하다. 오늘날까지 올랜드 가문이 회사를 경영하고 있다.

캐나다의 3대 맥주 회사는 모두 외국인이 소유하고 있지만, 무스헤드 맥주 회사는 순수한 캐나다 맥주 회사로서 큰 규모를 자랑한다.

상황에 맞게 맥주 즐기기

평소에 즐기기 좋은 맥주 : 우리가 즐겨 마시는 라거Lager 계열의 맥주나 영국의 비터Bitter, 아일랜드의 스타우트Stout, 벨기에의 에일Ale 등은 사람들과 오랫동안 대화를 나누면서 마시기 좋은 맥주다.

파티용 맥주 : 파티용 맥주로는 맥주의 색깔이나 잔의 모양이 파티의 분위기에 잘 어울리고, 알코올 도수가 너무 높지 않으면서 청량감이 느껴지는 것이 좋다. 이런 점에서 벨기에의 람빅Lambic 맥주가 파티용으로 제격이다. 특히 신맛이 나면서 드라이하고 색깔도 예쁜 프람부아즈Framboise나 크릭Kriek 맥주가 파티용으로 가장 좋다.

식전주 : 식사를 시작하기 전 마시는 식전주, 즉 '아페르티프Apertif'로 가장 잘 어울리는 맥주로는 매우 드라이한 필스너Pilsner 맥주를 꼽을 수 있다. 강한 홉에서 나오는 쓴맛이 식욕을 돋게 해주기 때문이다. 벨기에의 드라이한 애비 맥주Abbey Beer, 트라피스트 맥주Trappist Beer, 스트롱 골든 에일Strong Golden Ale 또한 식전주로 마시기 좋은 맥주들이다.

갈증 해소용 맥주 : 여름의 갈증을 해소하기에 가장 좋은 맥주는 단연 밀 맥주. 벨기에 스타일의 밀 맥주인 화이트 비어White Beer와 독일 스타일의 밀 맥주인 바이스비어Weissbier/바이젠Weizen 모두 여름에 제격이다. 보통 벨기에의 밀 맥주는 큐라소 오렌지 껍질이나 코리앤더 씨를 사용하여 귤이나 민트 맛이 드러난다. 또한 남부 독일의 바이에른 지역과 뮌헨에서 생산되는 밀 맥주는 갈증을 해소시켜 주는 신맛뿐 아니라 사과, 플럼, 바나나, 버블검, 클로브 맛을 복합적으로 지니고 있는 것이 특징이다.

취침 전 맥주 : 잠자기 전 가볍게 한잔하기 좋은 맥주로는 발리 와인Barley Wine이 제격. 발리 와인은 도수가 강한 에일 맥주를 말한다. 와인처럼 도수가 강하고 와인의 풍미를 지녀 맥주 이름에 '와인'이라는 말이 붙었다. 잠자기 전, 또는 늦은 밤에 영화 한 편을 보면서 마시면 좋다.

★ 미국 맥주 소개 ★

최근 다른 어느 나라보다 맥주문화가 많이 바뀐 나라는 미국일 것이다. 불과 20년, 30년 전만 해도 미국 맥주는 몰트와 홉이 적게 들어간 가벼운 맛의 미국식 페일 라거가 시장을 지배했다. 하지만 이제 미국은 세계 어느 나라보다 다양한 맥주를 생산하고 있으며, 미국 전역에 퍼져 있는 맥주 양조장의 수는 무려 1,400개가 넘는다. 물론 이런 극적인 변화에도 불구하고 전체적인 시장은 안호이저-부시, 쿠어스, 밀러와 같은 대형 맥주 회사가 생산하는 라이트 비어_{저칼로리 라거 맥주}에 의해 지배되고 있다. 실제로 미국 내에서 생산되는 맥주 7병 가운데 6병이 저칼로리 라거 맥주다.

현재 미국 맥주 산업의 지형을 살펴보면 대중 맥주 시장을 장악하고 있는 거대 맥주 회사와 이보다 개성 있는 맥주를 생산, 판매하는 마이크로브루어리_{소형 양조장}나 브루펍_{작은 양조소를 가지고 있는 펍}으로 크게 구분할 수 있다.

또한 미국의 주요 도시의 맥주 소매점에 가면 미국의 지역 양조장에서 생산되는 특색 있는 맥주뿐 아니라 벨기에, 독일, 영국을 비롯한 외국 맥주를 수백 가지씩 진열해 놓고 파는 곳이 많아지고 있는 것도 최근의 변화 가운데 하나다.

사뮤엘 아담스 보스톤 라거

Samuel Adams Boston Lager

미국

생산지   보스톤
제조사   보스톤 비어 컴퍼니
발효방식 하면발효
종 류   비엔나 라거
알코올   4.8%

 Tasting Note

진한 앰버호박색 색깔의 라거. 4가지의 맥주 주재료와 전통적인 양조 방식으로 만들어지며, 독특한 꽃의 향과 소나무 향, 중간에 캐러멜 맛이 드러난다. 홉의 맛이 강하며, 드라이한 피니시로 마무리된다. 현재 미국에서 수입되는 맥주 가운데 하나를 추천하라면 단연 사뮤엘 아담스 라거다. 한마디로 마이크로브루어리의 개성이 넘치는 맥주.

Beer Story

1984년부터 맥주 생산을 시작한 보스톤 비어 컴퍼니는 미국에서 가장 성공적인 마이크로브루어리로 손꼽힌다. 미국에서 판매되는 마이크로브루어리 맥주 5병 가운데 1병이 사뮤엘 아담스 맥주일 정도로 이제 사뮤엘 아담스는 마이크로브루어리 맥주와 동일어가 되었다. 이 회사는 미국 아마추어 맥주 제조 대회에서 우승한 맥주나 매년 종업원을 대상으로 개최하는 자가自家 맥주 대회에서 최종 우승한 맥주를 상업적으로 판매하기도 하는 등 실험정신이 강한 맥주 회사라고 할 수 있다. 이 회사에서 생산되는 개성 넘치는 맥주들 가운데 보스톤 라거가 가장 대중적인 맥주이자, 라거 가운데 가장 높은 평가를 받는 맥주다.

미국

버드와이저 Budweiser

생산지	세인트루이스
제조사	안호이저-부시(인베브)
발효방식	하면발효
종 류	페일 라거
알코올	5.0%

Tasting Note

엷은 황금색. 버드와이저는 판매량으로만 본다면 전 세계 톱 30개 브랜드 가운데 하나이자, 북미에서 미국 스타일의 라거 맥주 가운데 가장 인기 있는 맥주다. 하지만 부재료인 쌀의 함유량이 높아 맥주 본연의 맛은 그리 나지 않는다. 미약한 몰트의 맛과 거의 느끼기 힘든 홉의 맛을 지니고 있다. 한 마디로 라이트 보디의 가벼운 맛의 맥주.

Beer Story

안호이저-부시는 미국 세인트루이스에 본사를 두고 있는 맥주 회사. 창업자 아돌푸스 부시가 친구와 함께 체코의 보헤미아 지역을 여행한 후 그 지역 맥주 맛에 반하여 '보헤미안 스타일' 라거를 개발하기 시작하였다. 1876년부터 버드와이저를 생산하기 시작하면서 체코의 부드바이저 맥주 회사와 '버드와이저 상표명 분쟁'이 일어났다. 대부분의 유럽 국가에서 미국의 버드와이저는 '버드Bud'로 상표명을 붙여 판매된다.

생산지	세인트루이스
제조사	안호이저–부시(인베브)
발효방식	하면발효
종 류	미국 아이스 라거
알코올	5.5%

 Tasting Note

엷은 황금색. 약간 날콤힌 플레이버와 부드
러운 피니시가 특징이다. 차가운 온도에서 가볍게
마실 수 있는 맥주로 쌀이 함유돼 있다.

Beer Story

현재 안호이저–부시는 미국 맥주 시장의
50.9%를 차지하는 대형 맥주 회사다. 이곳에서
생산되는 맥주는 주로 '버드와이저'라는 이름이
붙은 맥주들로 구성되어 있다.

2008년 안호이저–부시는 대부분의 주식을 인
베브벨기에와 브라질의 맥주 회사가 합병되어 만들어진 맥주 회사에
팔아 오늘날 인베브는 세계에서 가장 큰 맥주 회
사가 되었다.

버드 아이스는 1994년 미국 최초로 냉봉 양조공법으로 만들어진 맥주.

미국

밀러 제뉴인 드래프트 Miller Genuine Draft(MGD)

생산지	밀워키
제조사	밀러 맥주 회사(삽-밀러)
발효방식	하면발효
종 류	미국 페일 라거
알코올	4.6%

Tasting Note

엷은 황금색. 달콤한 옥수수 향과 맛이 나며 홉의 쓴맛이 약간 느껴진다. 낮은 온도에서 시원하게 즐기는 가벼운 맛의 맥주로 옥수수가 함유돼 있다.

 ### Beer Story

1855년 프레딕 밀러가 설립한 맥주 회사다. 오랜 맥주 양조의 전통과 함께 새로운 세라믹 여과기술을 도입하는 등 진취적인 성향의 맥주 회사로도 유명하다.

밀러 맥주 회사는 오래전부터, 고열 살균처리로 인해 맥주 맛의 일부가 날아가는 것을 방지하기 위해서 저온 여과 과정을 거쳐 맥주를 만들고 있다. 밀러 맥주 회사는 2003년 삽-밀러 회사의 소유가 되었다.

밀러 라이트

미국

생산지	밀워키
제조사	밀러 맥주 회사(삽-밀러)
발효방식	하면발효
종 류	미국 라이트 라거(저칼로리 라거 맥주)
알코올	4.2%

Tasting Note

엷은 황금색. 기볍고 달콤한 몰트 맛이 느껴지나, 과일 향이나 홉의 쓴맛은 별로 없다. 탄산기가 높은 것이 특징이며 옥수수가 함유됐다.

Beer Story

밀러 맥주 회사는 1973년 저底칼로리 맥주의 대중성에 투자한 첫 번째 회사다. 미국의 주류법에 따르면 보통 맥주의 25% 이하의 저칼로리 맥주를 '라이트 비어'라고 부른다. 미국에서 시작된 라이트 라거는 매우 엷은 황금색, 약한 몰트와 약한 홉의 맛香, 라이트 보디, 높은 탄산기가 특징인 맥주 스타일을 말한다.

밀러 라이트는 밀러 제뉴인 드래프트의 저칼로리 맥주 형태로, 탄수화물의 함유량이 일반 맥주의 반에 해딩히고 칼로리 함유량은 일반 맥주의 3/4 정도다.

레드 독 Red Dog

생산지	밀워키
제조사	밀러 맥주 회사(삽-밀러)
발효방식	하면발효
종 류	미국 스타일 라거
알코올	5.0%

Tasting Note

엷은 황금색. 옥수수, 약간의 몰트, 소량의 홉의 맛이 느껴진다. 부재료를 함유한 전형적인 미국 페일 라거의 맛으로, 맛이 가볍고 청량감이 있어 시원하게 마시기 좋은 맥주이다. 옥수수가 함유됐다.

Beer Story

레드 독은 밀러 맥주 회사가 1994년부터 두 줄 보리와 5가지 종류의 미국산 홉을 사용하여 생산하기 시작한 맥주다.

레드 독은 1990년대 중반에서 후반까지 한때 유행했으나, 2000년대를 넘어가면서 인기가 식어 거의 잊힐 뻔하다가 2005년 이후 다시 팔리기 시작하였다. 황금 빛깔이 도는 레드 독은 알코올 도수가 높지 않고 순해서 목넘김이 부드럽다.

생산지	콜로라도
제조사	쿠어스 맥주 회사
발효방식	하면발효
종 류	미국 라이트 라거
알코올	4.2%

 Tasting Note

엷은 황금색. 미국에서 많이 팔리는 라이트 맥주들과 맛이 그리 크게 다르지 않다. 맛이 가볍고 탄산기가 높아 시원하게 마시면 청량감이 느껴진다.

Beer Story

1873년에 설립된 쿠어스 맥주 회사는 콜로라도 주의 골딩 지역에 단일 양조장 시설로는 세계 최대 규모의 맥주 양조장을 가지고 있다. 1959년부터 맥주의 살균처리를 최소화하려고 노력하고 있는 쿠어스 맥주 회사는 2005년 캐나다의 맥주 회사인 몰슨 맥주 회사와 합병하여 세계 5위의 회사가 되었다.

로키 산맥의 순수한 물을 이용해 미네랄이 풍부한 쿠어스 라이트는 지난 30년 동안 쿠어스 맥주 회사의 간판 격인 맥주다.

코로나 엑스트라 Corona Extra

생산지	멕시코시티
제조사	그루포 모델로
발효방식	하면발효
종 류	미국 스타일 페일 라거
알코올	4.6%

🍺 Tasting Note

밝고 엷은 노란색. 쓴맛이 적고 가벼워 청량음료와 같은 맥주. 멕시코 남부나 멕시코 밖에서는 맥주에 감귤류 과일, 특히 라임을 넣어 마신다. 멕시코 남부처럼 덥고 후끈거리는 날씨에 라임을 넣고 마시면 한층 청량감이 잘 느껴진다. 옥수수가 함유됐다.

Beer Story

1925년에 설립된 그루포 모델로는 멕시코 맥주의 선두주자 역할을 하고 있는 맥주 회사다. 현재 멕시코 내에 7개의 맥주 양조장을 가지고 있으며, 멕시코 내의 맥주 시장점유율이 60%를 넘는다. 150개국이 넘는 나라에서 판매되고 있는 코로나 엑스트라와 네그라 모델로를 포함하여 12가지 종류의 맥주를 생산하고 있다. 병에 그려져 있는 '왕관' 로고는 푸에르토 바야르타 마을의 과달루페 성모 성당을 숭배하는 왕관에서 유래한 것이다.

생산지	멕시코시티
제조사	그루포 모델로
발효방식	하면발효
종 류	비엔나 라거
알코올	5.3%

Tasting Note

짙은 구리색. 커피나 초콜릿에 가까운 맛이
드러나며, 약간의 쓴맛도 느껴진다. 전체적으로 무
겁지 않아 마시기 편하다. 옥수수가 함유됐다.

Beer Story

네그라 모델로는 멕시코에서 생산되는 맥주
가운데 가장 깊은 맛을 지닌 맥주다. 네그라는
스페인 어로 '검다'는 뜻. 회사에서는 뮌헨 스
타일의 둥켈 맥주로 구분하고 있으나, 사실 비
엔나 라거 스타일의 맥주에 속한다. 비엔나 라
거로서는 약간 색깔이 진하지만 오스트리아 맥
주 전통을 답습한 멋진 맛을 지니고 있다. 멕시
코에 이주해 온 오스트리아인들에 의해 처음 만들어진 맥주다.

오스트레일리아

포스터스 라거 비어 Foster's Lager Beer

생산지	멜버른
제조사	포스터스 맥주 회사
발효방식	상면발효
종 류	페일 라거
알코올	4.9%

Tasting Note

밝은 황금색. 크림과 같은 거품 헤드가 특징이다. 가벼운 몰트 향, 미약하나마 깨끗한 홉의 피니시가 좋고 청량감이 느껴지는 맥주.

 ### Beer Story

오스트레일리아는 1인당 연간 맥주 소비량이 13위에 이르는 나라다. 포스터스 맥주 회사는 1887년 멜버른에서 포스터 형제에 의해 설립된 오스트레일리아 최대의 맥주 회사로, 5대륙에서 200개 이상의 맥주 브랜드를 생산하고 있다. 포스터스 맥주 회사의 대표 맥주인 포스터스 라거 비어는 150여 개 이상의 나라에서 판매되고 있다.

생산지	빅토리아 주
제조사	칼톤 앤 유나이티드 베버리지즈(포스터스 그룹)
발효방식	하면발효
종 류	비터 라거
알코올	4.6%

 Tasting Note

엷은 황금색. '비터' 라는 이름을 가지고 있지만 조금 쓴맛이 나는 정도로 일반 상업적인 라거의 맛에 가깝다. 달달한 옥수수 맛이 드러나고 피니시에서 약간의 홉 맛이 느껴진다. 시원하게 마시는 가벼운 맛의 맥주.

🍺 **Beer Story**

1854년에 설립된 칼톤 앤 유나이티드 베버리지즈는 현재 포스터스 그룹의 자회사다. 1894년부터 비터 에일을 만들기 시작하였으며, 1907년부터 '빅토리아 비터' 의 약자인 'VB' 표시가 있는 라벨을 사용하였다. 빅토리아 주의 맥주로 유명하며, 오스트레일리아에서 가장 많이 팔리는 맥주로 손꼽힌다. 오스트레일리아에서 생산되는 100가지 이상의 맥주 브랜드 가운데 30% 이상의 시장점유율을 보이고 있다.

포엑스 엑스포트 라거 XXXX Export Lager

생산지	퀸즐랜드
제조사	캐슬마인 퍼킨스 양조장
발효방식	하면발효
종 류	미국 스타일 라거
알코올	4.5%

Tasting Note

엷은 황금색. 몰트의 달달한 흔적과 미약하나마 홉의 쓴맛이 느껴진다. 전체적으로 특별한 향이나 맛은 드러나지 않지만, 탄산기가 많아 차게 마시면 상쾌한 느낌이 든다.

 ### Beer Story

1878년 캐슬마인 마을에 설립된 맥주 회사로 오스트레일리아에서 가장 오래된 양조장을 가지고 있다. 1924년 처음 생산된 이 맥주는 독특한 맥주 이름인 'XXXX' 표시의 유래에 관해 여러 가지 설이 전해진다. 오스트레일리아에서 가장 덥고 개척이 덜 되었던 북오스트레일리아의 퀸즐랜드 사람들이 'Beer'라는 단어를 쓸 줄 몰라서 'XXXX' 표시를 사용한 데서 유래되었다고도 하고, 포티튜드 계곡에서 신문을 팔았던 인기 있는 난쟁이 미스터 포엑스 씨를 모델로 한 것이라고도 한다. 또는 중세 시대에 유럽에서 맥주의 알코올 도수를 나타내기 위해 'X' 표시를 사용한 데서 유래되었다는 설도 있다. 오스트레일리아 내에서는 'XXXX Bitter'라는 이름으로 판매된다.

쿠퍼스 베스트 엑스트라 스타우트

Coopers Best Extra Stout

오스트레일리아

생산지	애들레이드
제조사	쿠퍼스 맥주 회사
발효방식	상면발효
종 류	드라이 스타우트
알코올	6.3%

Tasting Note

검은색에 기끼운 다크 브라운. 거품이 풍부하고 크림과 같은 부드러운 느낌이 특징이다. 볶은 몰트를 사용하여 에스프레소 커피와 다크 초콜릿의 향과 맛이 나며, 견고한 쓴맛의 피니시가 길게 이어진다. 병내 2차 발효 맥주로 병 안에 효모가 남아 있다.

Beer Story

쿠퍼스 맥주 회사는 1862년에 토마스 쿠퍼에 의해 설립된 맥주 회사다. 1881년 현재의 애들레이드 지역으로 양조장을 옮겼으며, 오늘날까지 쿠퍼 가문이 경영하고 있다.

20세기 들어 대부분의 오스트레일리아 맥주 양조장이 라거를 전문적으로 하는 맥주 회사로 변했지만, 쿠퍼스 맥주 회사는 꾸준히 병내 2차 발효 에일과 스타우트를 만들고 있다. 현재 10가지가 넘는 맥주를 생산하고 있으며, 맥주통을 회사의 로고로 사용하고 있다. 목재 맥주통을 만드는 사람을 영어로 '쿠퍼' 라고 부른다.

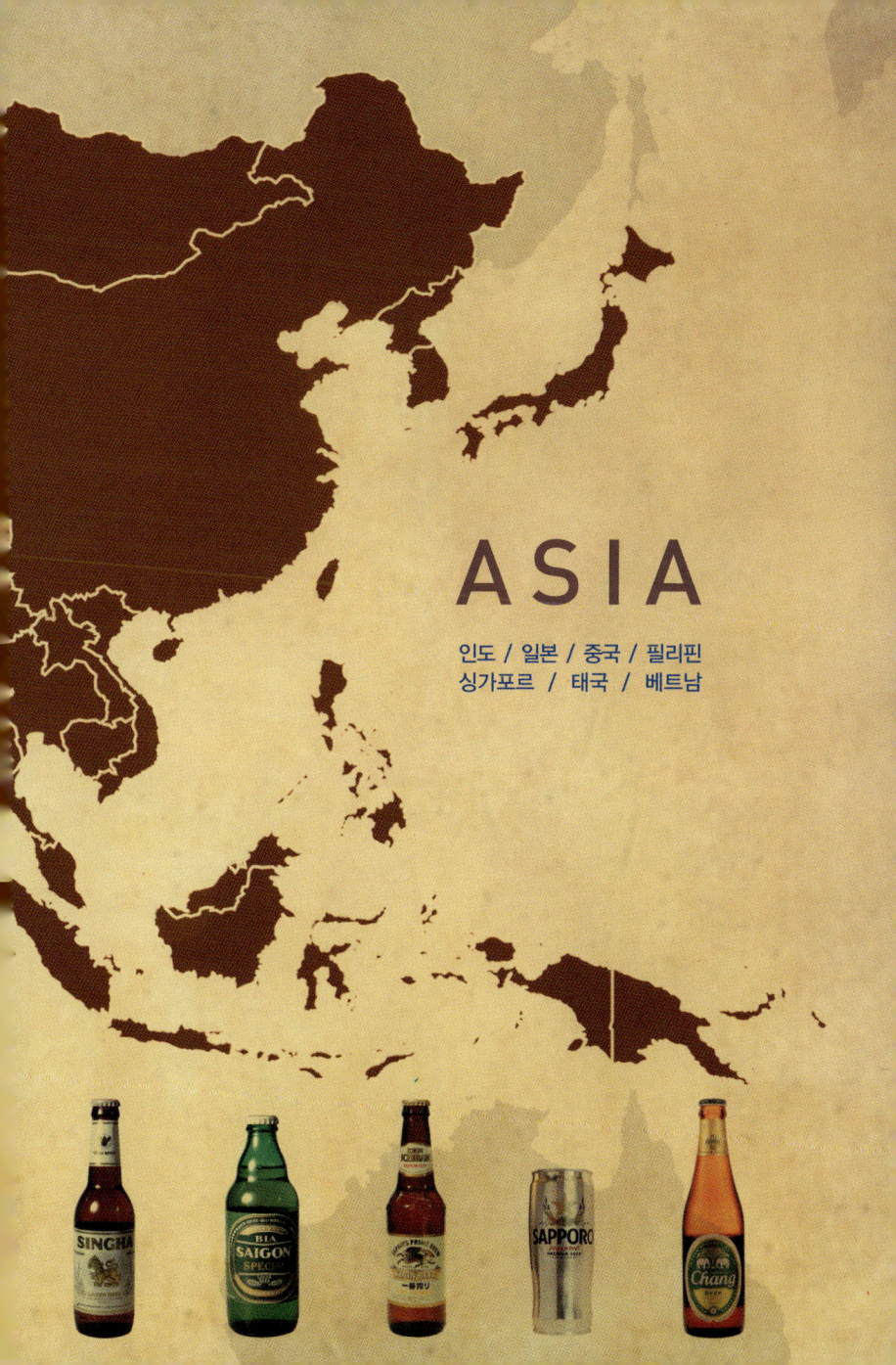

ASIA

인도 / 일본 / 중국 / 필리핀
싱가포르 / 태국 / 베트남

킹피셔 프리미엄 라거
Kingfisher Premium Lager

생산지	방갈로
제조사	유나이티드 브루어리스
발효방식	하면발효
종 류	미국 스타일 페일 라거
알코올	5.0%

Tasting Note

엷은 황금색. 곡물의 달달한 향과 달콤함이 느껴진다. 부재료로 쌀을 사용하고 있기 때문에 완전한 몰트의 맛이 느껴지지는 않는다. 홉의 향과 맛은 잘 느껴지지 않으며, 약간의 쓴맛이 드러나는 정도. 쌀 프레이크가 함유됐다.

 ## Beer Story

1947년까지 영국의 지배를 받은 인도는 의외로 영국 스타일의 맥주는 적은 편이다. 하지만 기술적으로 영국의 영향을 받아 맥주의 품질은 양호한 편이다. 1857년에 설립된 유나이티드 브루어리스는 남인도 방갈로에 있는 인도 최대의 양조장. 한때 대영제국의 군대에 맥주를 공급했던 맥주 회사다. 회사의 로고는 페가수스가 신에게 바치기 위해 맥주통을 날개에 끼고 날아가는 모습을 형상화한 것. 인도 맥주 시장의 리더 격인 킹피셔는 유나이티드 맥주 회사의 대표적인 맥주이자, 전 세계적으로 판매되는 인도의 라거 맥주다. 현재 55개 나라에서 판매되고 있다.

음식 종류별로 어울리는 맥주

야채 요리와 잘 어울리는 맥주

샐러드나 야채로 만든 전채에 가장 잘 맞는 맥주는 너티Nutty한 맛이 강한 브라운 에일Brown Ale. 달콤한 맛이 나는 브라운 에일이 아닌, 미국이나 영국 뉴캐슬 지역에서 생산되는 강한 맛의 브라운 에일이 샐러드나 야채 요리와 잘 맞는다.

조개류와 잘 어울리는 맥주

영국이나 아일랜드의 스타우트Stout나 포터Porter는 굴과 찰떡궁합. 이들 맥주는 홍합이나 다른 조개류 음식과도 궁합이 잘 맞는다. 아일랜드에서는 가을철 신선한 굴과 함께 스타우트 맥주를 즐긴다.

생선 요리와 잘 어울리는 맥주

라거 계열의 맥주 가운데 깔끔하고 섬세하며 드라이한 맛이 나는 필스너가 생선 요리와 궁합이 잘 맞는다. 체코에서는 부드바이저 부드바Budweiser Budvar를 마실 때 보헤미아 지역의 호수에서 잡은 잉어 요리를 즐겨 먹는다.

닭 요리와 잘 어울리는 맥주

닭 요리와 잘 어울리는 맥주로는 독일의 메르젠Märzen/옥토버페스트비어Oktoberfestbier를 꼽을 수 있다. 중간 정도의 알코올 도수, 몰티Malty하고 달달하면서 스파이시한 메르젠 맥주가 닭 요리와 궁합이 잘 맞는다. 9월 말에서 10월에 개최되는 독일의 옥토버페스트에서는 닭꼬치구이와 함께 옥토버페스트비어를 즐긴다.

★ 일본 맥주 소개 ★

일본의 맥주 연간 생산량은 세계 7위. 일본 맥주의 주종은 역시 필스너 계열의 맥주. 오늘날 일본의 주요 맥주 회사로는 아사히, 기린, 삿포로, 산토리를 꼽을 수 있다. 최근 일본 맥주의 역사에서 특징적인 것은 맥주 회사들 간의 치열한 '드라이 맥주 전쟁'.

이른바 '드라이 맥주 전쟁'은 1987년 아사히 맥주 회사가 '아사히 슈퍼 드라이'를 생산하면서 시작되었다. 당시 국내 맥주 시장의 50%를 차지하고 있던 기린 맥주 회사는 아사히 슈퍼 드라이에 맞서기 위해 1988년 '기린 드라이', '기린 몰트 드라이'를 생산했지만 아사히의 힘을 막을 수 없었다. 이어 1990년 기린 맥주 회사는 새로운 브랜드인 '기린 이치방 시보리'를 생산하기 시작하여 지금도 인기를 얻고 있지만 과거 50%의 시장점유율을 되찾을 수는 없었다. 삿포로 맥주 회사 또한 1988년 '삿포로 드라이'로 시작하여 1989년 회사의 대표 맥주인 블랙 라벨을 '삿포로 드래프트'로 브랜드 이름을 바꾸었지만 호평을 받지 못하였다. 결국 '드라이 맥주 전쟁'은 아사히 슈퍼 드라이의 승리로 끝났다.

최근 일본의 슈퍼마켓이나 편의점에 가면 '발포주'라는 맥주가 눈에 많이 띄는 것도 일본 맥주 시장의 변화 가운데 하나. 발포주란, 비싼 몰트의 함유량을 줄이고 다른 곡류쌀, 옥수수, 감자, 녹말 등를 첨가한 맥주다. 일본에서는 원재료에 67% 이상 몰트가 들어가야 맥주로 불릴 수 있는데, 발포주는 이보다 몰트 함유량이 낮아 '맥주'라는 이름을 사용하지 못하는 것. 하지만 발포주에는 세금이 적게 부과되기 때문에 많은 맥주 회사들이 발포주의 생산에 뛰어들고 있다.

일본 맥주의 또 다른 특징은 '지비루'지역맥주'라는 뜻. 지비루는 일종의 일본식 마이크로브루어리에서 만들어지는 개성 넘치는 맥주를 말한다. 일본에는 약 100여 개의 지비루 맥주 회사가 있다.

아사히 슈퍼 드라이

Asahi Super Dry

일본

생산지	중국 선전(원 생산지는 오사카)
제조사	아사히 맥주 회사
발효방식	하면발효
종 류	일본 드라이 라거
알코올	5.0%

 Tasting Note

엷은 황금색. 전체적으로 가벼우면서 청량감이 느껴지는 맥주. 드라이한 맛으로 마무리된다. 쌀, 옥수수 전분 함유.

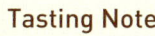 **Beer Story**

아사히 맥주 회사는 1987년 일본 최초의 드라이 비어인 '아사히 슈퍼 드라이'를 발매하였다. 당시 슈퍼 드라이의 깨끗하고 청량한 맛은 일본 맥주 시장에 새로운 유행을 가져다줄 정도로 인기를 끌었다. 아사히 맥주는 아사히 슈퍼 드라이가 출시되기 이전인 1987년에는 일본 국내 맥주 시장의 10% 정도를 차지하였으나, 슈퍼 드라이의 시판 이후 시장점유율이 급증하여 오늘날 시장점유율은 약 50%에 이르게 되었다. 우리나라에서 판매되는 아사히 슈퍼 드라이의 병맥주는 중국 생산품이며, 캔맥주 형태는 일본 생산품이다. 일본에서는 비열처리한 맥주를 '생맥주일본어로 '나마비루'라고 부른다' 라고 부르며 라벨에 '生나마' 이라는 한자를 붙인다.

99

아사히 쿠로나마 <small>Asahi 黑生</small>

생산지	오사카
제조사	아사히 맥주 회사
발효방식	하면발효
종 류	뮌헨 스타일 다크 비어
알코올	5.0%

Tasting Note

다크 브라운. 볶은 몰트의 달달한 향과 맛
이 드러나고 캐러멜, 초콜릿, 커피, 견과류의 맛도
느껴진다. 전체적으로 마시기 부드럽다. 쌀, 옥수수
전분이 함유됐다.

 ### Beer Story

아사히 맥주 회사의 전신은 1889년에 설립
된 오사카 맥주 회사다. 아사히 맥주 회사는
1958년 일본 최초로 캔맥주를 만들었으며, 1971년에는 일본 최초로 알루미
늄 캔맥주를 생산하기 시작하였다.

아사히 쿠로나마는 아사히 맥주 주식회사에서 1995년부터 생산하기 시작
한 맥주로, 일본말로 '쿠로'는 검정, '나마'는 '생生'이라는 뜻이다. 비열처리
맥주이기 때문에 '生'이라는 이름을 붙였다. 아사히 쿠로나마는 오사카에서
양조되는 맥주로 세 가지 볶은 몰트를 사용하여 제조된다.

기린 이치방 시보리

생산지	중국 광둥(원 생산지는 일본)
제조사	기린 맥주 회사
발효방식	하면발효
종 류	유럽 스타일 라거
알코올	5.5%

Tasting Note

옅은 황금색. 몰트와 홉의 향맛은 그리 강하지 않다. 끝에서 약간 쓴맛이 느껴지며 쌀이 함유됐다.

Beer Story

기린 맥주의 역사는 미국인 윌리엄 코프랜드가 요코하마에서 맥주를 양조하기 시작한 1870년으로 거슬러 올라간다. 기린 맥주 회사가 설립된 것은 1885년. 1888년에는 독일 스타일의 라거 맥주인 '기린 맥주'를 출시하였다. 기린 맥주 회사는 일본에서 가장 대중적인 기린 라거와 이치방 시보리를 생산한다. 기린 라거는 일본에서 가장 오래된 브랜드. 이치방 시보리는 아사히 맥주 회사가 처음 선보인 드라이 맥주에 대항하기 위해 1990년 출시하여 오늘날까지 인기를 얻고 있는 맥주다. '이치방 시보리'라는 말은 '첫 번째 맥아즙'을 사용하여 양조되었다는 뜻이다.

일본

삿포로 오리지널 드래프트 비어(실버컵)

Sapporo Original Draft Beer(Silver Cup)

생산지	캐나다 온타리오(원 생산지는 일본)
제조사	삿포로 맥주 회사
발효방식	하면발효
종 류	유럽 스타일 라거
알코올	5.0%

Tasting Note

황금색. 곡물 맛과 약간의 홉 맛이 드러난다. 전체적으로 맛이 가볍고 청량감이 느껴지며 피니시가 깔끔하다. 쌀과 옥수수 함유.

Beer Story

1876년에 설립된 맥주 회사로 회사의 로고인 별 마크는 현존하는 일본 상표 가운데 가장 오랜 역사를 자랑한다. 또한 삿포로 맥주 회사는 일본 내에서 처음으로 독일 바이에른 스타일의 맥주를 생산한 회사이기도 하다. 일본 내에서 고품질의 맥주로 평가받는 '에비스' 맥주 또한 삿포로 맥주 회사의 브랜드다. 1919년에는 병입의 '삿포로 나마生'를 발매하여 일본 스타일의 '생맥주' 붐을 일으켰다. 650㎖ 대용량의 은색 실버컵 디자인으로 사람들의 눈길을 사로잡은 맥주. 드래프트 비어는 '생맥주' 라는 뜻이다.

생산지	칭다오
제조사	칭다오 맥주 회사(안호이저−부시)
발효방식	하면발효
종 류	미국 스타일 라거
알코올	5.0%

 Tasting Note

엷은 황금색. 원래 독일의 맥주순수법에 따라 만들어졌으나, 사유화된 후 보리몰트보다 덜 비싼 쌀을 사용하여 맛이 엷어진 경향이 있다. 탄산기가 높고 거품이 많다. 약한 곡류의 향과 달콤함이 느껴지며 알싸한 피니시가 중국식 양꼬치 구이와 잘 어울린다. 쌀 함유.

Beer Story

1903년 독일인에 의해 칭다오에 설립된 맥주 회사로 당시 중국에 살던 독일인 선원, 군인, 무역 종사자들에게 공급하기 위해 맥주를 양조하기 시작하였다. 1990년대에 사유화되었으며, 1993년 칭다오에 있는 다른 3개의 양조장과 합병하였다. 현재 중국의 18개 성에 40개가 넘는 양조장을 가지고 있다.

칭다오 맥주는 중국 맥주를 대표하는 브랜드이자 중국에서 가장 많이 팔리는 맥주로, 1954년부터 전 세계로 수출되어 60여개 나라에서 판매되고 있다. 현재 안호이저−부시 맥주 회사의 소유다.

103

산 미겔 페일 필젠 San Miguel Pale Pilsen

생산지	마닐라
제조사	산 미겔 양조장
발효방식	하면발효
종 류	독일 스타일 필스너
알코올	5.0%

Tasting Note

옅은 황금색. 약간의 몰트와 홉의 맛이 드러난다. 전체적으로 맛이 옅기 때문에 차게 마셔야 좋다. 옥수수 함유. 산 미겔 맥주 회사의 또 다른 제품인 검은색의 산 미겔 다크5%는 볶은 몰트로 만들어져 달달하면서 약간의 쓴맛을 지닌 유럽 스타일의 다크 라거다.

Beer Story

아시아 각국에서 처음으로 맥주를 만든 사람들 가운데는 아시아 각 지역의 식민지에 거주하던 유럽인들이 많다. 한때 스페인의 식민지였던 필리핀의 산 미겔 역시 스페인 사람에 의해 만들어지기 시작한 맥주다.

1890년도에 설립된 산 미겔 맥주 회사는 동남아 최초의 맥주 회사. 현재 산 미겔 맥주 회사는 필리핀 맥주 시장을 장악하고 있을 뿐 아니라 스페인에 맥주 공장을 만들어 스페인의 맥주 시장에도 진출할 정도로 발전하였다. 산 미겔 맥주 회사는 11가지 종류의 맥주를 생산하고 있다.

생산지	싱가포르
제조사	아시아 퍼시픽 브루어리스
발효방식	하면발효
종 류	미국 스타일 페일 라거
알코올	5.0%

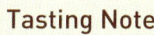

Tasting Note

황금색. 약간의 몰트와 미약하나마 홉의 맛이 드러난다. 맛은 가볍지만 청량감이 있다. 타이거 맥주는 매우 차게 마시는 것이 좋다. 기다란 원통형의 전용 잔에 따라 마신다.

Beer Story

1931년 '말레이언 브루어리스 회사'라는 이름으로 설립된 아시아 퍼시픽 맥주 회사는 현재 12개 나라에 30여 개의 양조장을 소유하고 있으며, 70개가 넘는 나라에 맥주를 판매하고 있다. 1932년 처음 출시된 타이거 맥주는 싱가포르에서 생산된 최초의 맥주. 1930년대에 "타이거 맥주를 위한 시간"이라는 유명한 광고 문구와 함께 사람들에게 알려지기 시작하였으며, 1950년대에는 〈타이거를 위한 시간〉이라는 소설을 쓴 영국 출신 작가 안소니 버지스의 명성에 힘입어 더욱 인기를 얻었다. 현재 타이거 맥주는 아시아 지역을 비롯한 60여 개의 나라에서 두루 팔리고 있다. 맥주 이름대로 상표에 호랑이의 모습이 그려져 있다.

태국

싱하 Singha

생산지	방콕
제조사	분 로드 맥주 회사
발효방식	하면발효
종 류	유럽 스타일 페일 라거
알코올	5.0%

Tasting Note

엷은 황금색. 보리몰트와 씁쓸한 홉의 맛이
드러난다. 전체적으로 맛이 깔끔하다. 씁쓸한 뒷맛
이 매콤한 타이 음식이나 커리 음식과 잘 어울린다.

 ### Beer Story

동남아시아 나라 가운데 유일하게 식민지
경험을 하지 않은 태국에는 외국계의 맥주 회
사 외에 자국의 회사인 분 로드 맥주 회사가
있다. 맥주 양조기술을 배우기 위해 독일과 덴
마크를 다녀온 태국인이 1933년에 설립한 맥
주 회사로, 태국에서 최초로 만들어진 맥주 양
조장이자 가장 큰 맥주 회사였다. 유럽 스타일
의 라거를 지향하는 분 로드 맥주 회사의 싱하
라거는, 원래 알코올 도수 6%로 명성을 얻었으나 2007년부터 도수를 5%로
낮추었다. 싱하는 태국어로 '사자'를 뜻한다. 맥주의 로고는 태국의 민간신앙
에 나오는 가공의 동물을 형상화한 것이다.

생산지	방콕
제조사	타이베브
발효방식	하면발효
종 류	미국 스타일 라거
알코올	5.0%

 Tasting Note

옅은 황금색. 수출용은 알코올 도수가 5%
지만, 태국 내에서 팔리는 창 맥주는 알코올 도수
가 조금 더 높은 6.4%. 색깔도 약간 더 진하다.
깨끗한 맛을 가진 라거로 무더운 태국 날씨에 시
원하게 마시기 좋은 맥주다. 태국 음식과 궁합이
잘 맞는다.

Beer Story

타이베브는 1995년 태국타이의 아유타야주 방
반 지역에 세워진 맥주 회사로 현재 세 곳에 맥
주 양조장을 가지고 있다. 창은 태국에서 가장
많이 팔리는 맥주. 한때 태국에서 가장 큰 맥주
브랜드였던 싱하와 시장점유율 경쟁 후, 태국 맥
주 시장의 60%를 차지하게 되었다.

'창'은 태국어로 '코끼리'라는 뜻으로, 상표에는 태국에서 신성시되는 동
물인 코끼리 두 마리가 새겨져 있다.

비아 사이공 스페셜 Bia Saigon Special

생산지	호치민
제조사	사이공 음료 주식회사
발효방식	하면발효
종 류	페일 라거
알코올	4.9%

🍺 Tasting Note

옅은 황금색. 곡류의 맛이 먼저 느껴지고, 이어 약한 홉의 쓴맛이 나타난다. 맛은 가볍지만 청량감이 있다. 피니시가 드라이하다.

Beer Story

1875년 자그마한 작업장으로 시작하여 1993년에는 사이공 맥주 회사로 탈바꿈하였으며, 2003년 이후 '사베코'라는 이름으로 맥주뿐 아니라 위스키, 럼, 와인 등을 생산하는 종합 주류 회사가 되었다.

프랑스 맥주 양조기술을 도입하여 설립된 양조장에서 베트남을 대표하는 맥주인 333바바바, 비아 사이공 엑스포트, 비아 사이공 스페셜을 생산하고 있다. 사이공은 호치민 시의 옛 이름.

디저트에 잘 어울리는 맥주

과일과 잘 어울리는 맥주

벨기에의 프람부아즈Framboise나 크릭Kriek 맥주는 과일 파이나 푸딩과 잘 어울린다. 또한 벨기에의 화이트 비어White Beer는 오렌지로 만든 디저트와 잘 맞고, 독일의 바이젠Weizen은 사과로 만든 디저트, 둥켈바이젠Dunkelweizen은 바나나로 만든 디저트와 궁합이 잘 맞는다.

초콜릿과 잘 어울리는 맥주

초콜릿 맛과 색깔이 나는 초콜릿 스타우트Chocolate Stout는 초콜릿, 또는 초콜릿이 들어간 푸딩이니 게이크와 잘 어울린다. 특히 초콜릿 스타우트 가운데 묵직하고 그리 쓴맛이 나지 않는 초콜릿 스타우트가 초콜릿을 재료로 만든 디저트와 궁합이 잘 맞는다.

크림이 들어 있는 디저트와 잘 어울리는 맥주

오트밀 스타우트Oatmeal Stout는 크림류의 디저트와 잘 어울린다. 원래 영국에서 만들어진 오트밀 스타우트에는 실제로 오트밀이 들어 있다. 맥주를 만들 때 오트밀을 넣으면 맥주의 질감이 부드러워지고 초콜릿이나 커피와 같은 풍미가 나기 때문에 질감이 비슷한 크림류의 디저트와 궁합이 잘 맞는다.

치즈와 잘 어울리는 맥주

벨기에의 트라피스트 맥주Trappist Beer, 애비 맥주Abbey Beer 또는 도수가 강한 에일 맥주는 치즈와 잘 맞는다. 트라피스트 수도원에서는 맥주와 치즈를 함께 만들기도 한다. 예를 들어 트라피스트 수도원 가운데 하나인 쉬메이 수도원에서 만드는 쉬메이 트라피스트 맥주Chimay Trappist Beer와 쉬메이 트라피스트 치즈는 그야말로 환상의 궁합. 실제로 벨기에 맥주카페에서는 보통 맥주 안주로 치즈를 많이 내놓는다.

맥주 색인(가나다순) •

110

지은이 **이기중**

새로운 맥주를 찾아 전 세계를 누비는 비어헌터(Beer Hunter)이자,
맥주에 관한 해박한 지식을 지닌 맥주통(通)이다. 여행 작가로도 활동하고 있으며,
지금까지 90개가 넘는 나라를 여행하였다.
식도락가인 그의 여행기에는 늘 맛난 음식과 맥주가 등장한다.
서강대 경제학과를 졸업하고 종교학 석사학위 취득 후, 미국 템플(Temple)대학교에서
영상인류학과 영화학을 전공하고 석사, 박사학위를 받았다.
현재 전남대 인류학과 교수로 재직중이다.
저서로는 <유럽 맥주 견문록>, <동유럽에서 보헤미안을 만나다>,
<북유럽 백야여행>, <남아공 무지개 나라를 가다> 등이 있다.

한눈에 보는 세계맥주 73가지
맥주 수첩

2010년 6월 25일 초판 1쇄 발행
2020년 5월 20일 초판 6쇄 발행

지은이 | 이기중
펴낸이 | 김병준
펴낸곳 | 우듬지
주 소 | 서울특별시 강남구 논현로 71길 12
전 화 | (02)501-1441(대표) / (02)557-6352(팩스)
등 록 | 제16-3089호(2003. 8. 1)

©이기중, 2010년 printed in Korea.
편집책임 • 한은선 | 편집 진행 • 이상희 강미선 | 기획 • 오미영 | 디자인 • 박두송이
ISBN 978-89-91292-65-9 13590
잘못 만들어진 책은 구입한 곳에서 바꾸어 드립니다.